现代土木工程

安全管理技术及其实践分析

◎杨德磊 / 著

中国水利水电出版社
www.waterpub.com.cn
·北京·

内 容 提 要

随着我国经济的迅猛发展,土木工程建设在国民经济中占据着举足轻重的地位。土木工程建设与国民经济运行和人民生命财产安全休戚相关,因此,加强土木工程建设的安全管理是土木工程建设活动中一项十分重要的工作。本书主要对现代土木工程安全管理技术及其实践进行分析,内容有:现代土木工程施工安全管理基础理论、现代土木工程施工准备与施工中的安全管理技术、现代土木工程施工专项安全管理技术、现代土木工程安全事故分析,以及现代土木工程安全事故实践分析。

图书在版编目(CIP)数据

现代土木工程安全管理技术及其实践分析 / 杨德磊
著. -- 北京:中国水利水电出版社,2018.1(2022.9重印)
 ISBN 978-7-5170-6220-2

 Ⅰ. ①现… Ⅱ. ①杨… Ⅲ. ①土木工程－安全管理－
研究 Ⅳ. ①TU714

中国版本图书馆 CIP 数据核字(2017)第 326298 号

责任编辑:陈 洁　　封面设计:王 茜

书　　　名	现代土木工程安全管理技术及其实践分析　XIANDAI TUMU GONGCHENG ANQUAN GUANLI JISHU JI QI SHIJIAN FENXI	
作　　　者	杨德磊 著	
出版发行	中国水利水电出版社	
	(北京市海淀区玉渊潭南路 1 号 D 座　100038)	
	网址:www. waterpub. com. cn	
	E-mail:mchannel@263. net(万水)	
	sales@mwr.gov.cn	
	电话:(010)68545888(营销中心)、82562819(万水)	
经　　　售	全国各地新华书店和相关出版物销售网点	
排　　　版	北京万水电子信息有限公司	
印　　　刷	天津光之彩印刷有限公司	
规　　　格	170mm×240mm　16 开本　12.25 印张　215 千字	
版　　　次	2018年1月第1版　2022年9月第2次印刷	
册　　　数	0001—2000 册	
定　　　价	49.00 元	

前　　言

　　随着我国经济的迅猛发展,土木工程建设在国民经济中占据了举足轻重的地位。土木工程建设项目具有投资大、建设周期长等特点,与国民经济运行和人民生命财产安全休戚相关,因此,加强土木工程建设的安全管理是土木工程建设活动中一项十分重要的工作。

　　为贯彻"安全第一,预防为主,综合治理"的方针,有效控制土木工程建设过程中潜在的危险因素,确保人民生命财产安全,必须对土木工程建设过程中存在的重大危险源进行辨识、检测、监控和管理,危险源监控的目的不仅是预防安全事故发生,而且要做到一旦发生事故,就能将事故危害控制到最低程度。

　　本书共分5章。第1章现代土木工程施工安全管理基础理论,论述并探究安全管理、安全生产管理、施工项目安全管理,以及安全管理措施;第2章～第3章,主要对现代土木工程施工准备与施工中的安全管理技术、现代土木工程施工专项安全管理技术进行阐述与研究;第4章现代土木工程安全事故分析,主要对土木工程事故及其类型、土木工程事故致因分析、土木工程事故分析方法,以及土木工程安全事故应急救援与调查处理进行阐释与探讨;第5章现代土木工程安全事故实践分析,阐述并探讨了地基基础工程安全事故实践,房屋建筑工程安全事故实践,路面工程施工安全事故实践,以及桥梁、隧道施工安全事故实践。

　　本书在撰写过程中参考了大量的文献与资料,并汲取了多方人士的宝贵经验,在此向这些文献的作者表示感谢。由于时间仓促,土木工程施工安全管理技术处于不断发展之中,加之作者水平有限,书中难免存在缺点与不足之处,敬请广大读者批评指正。

作者

2017 年 9 月

目　　录

第1章 现代土木工程施工安全管理基础理论

社会经济在近些年中实现了飞速的发展,土木工程事业也逐渐在我国的产业结构中变得越来越重要。安全问题是摆在土木工程施工过程中最重要的问题。为了确保施工进度,保证工程的顺利竣工,就必须进行全面的安全管理,实施有效的安全管理措施,保证施工人员的安全。本章主要阐述安全管理、安全生产管理、施工项目安全管理、安全管理措施。

1.1 安全管理

1.1.1 安全管理的发展历程

人类在生产实践和科学研究中不断地寻求和发现自然变化的规律,进而认识自然,改造自然,为适宜人类的生存创造条件。人类的生活在科学技术与生产力不断进步的推动下变得越来越丰富,但是科技的发展也给人类的安全与健康带来了威胁。

人类"钻木取火"的目的就是利用火。火的使用,对人类的进化和社会的发展具有重要的意义。在人们的日常生活中,不论是衣食住行,还是工业生产,都离不开火,但是火具有两面性,其不仅可以造福于人类,如果使用不当也会给人类造成危害。因此如果人类不对火进行相关的管理,火就会给人带来灾难。公元前 27 世纪,古埃及第三王朝在建造金字塔时,为了开凿地下甬道和墓穴及建造地面塔体,组织了近 10 万人,花了 20 年的时间才完成。在如此庞大的生产工程中,如果没有管理是难以想象的。在古罗马和古希腊时代就已经出现安排禁卫军和值班团来负责维护社会治安和救火工作。英国在公元前 12 世纪颁布了《防火法令》,到 17 世纪又颁布了《人身保护法》,建立了自己的安全管理体系。

我国在很早就有了关于火的管理的记载。早在先秦时期,《周易》一书中就有"水火相济""水在火上,既济"的记载,即对灭火的道理进行了说明。自秦人兴修水利开始,在中国的各朝各代中基本都设有专门管理水利的机构。并且到北宋的时候,已经有了相当严密的消防组织。根据《东京梦华录》中的记载,当时的首都汴京已经建立了很完善的消防组织,消防管理机构不仅包括地方政府,而且军队也参与其中,主要负责值勤任务。

18 世纪从英国发起的第一次工业革命,以蒸汽机的发明为标志,开创了以机器代替手工工具的时代,大规模的机器化生产开始出现。这一时期的工人在极其恶劣的工作环境下从事着超过 10 个小时的劳动,这严重威胁着工人的安全和健康,不断出现伤亡事故和职业病。为了工人的安全和健康,人们在生产过程中使用了很多手段来对其作业环境进行改善,此时的一些学者也开始研究劳动安全卫生问题。安全生产管理的内容与范畴在这一时期有了很大的发展。

20 世纪初,现代工业兴起并迅速发展,随之而来的是环境污染和重大的生产事故,这不仅造成了大量的人员伤亡和巨大的财产损失,也给社会带来了极大的危害,这就迫使人们在企业中设置一些专职安全人员来从事安全管理工作,一些企业主也不得不花费一定的资金和时间对工人进行安全教育。到 20 世纪 30 年代,很多国家都设立了安全生产管理的政府机构,较完善的安全教育、管理、技术体系逐渐建立起来,现代安全生产管理初具雏形。

进入 20 世纪 50 年代后,人们的生活水平由于经济的迅速增长得到了快速提高,出现的越来越多的问题引起了经济学家、管理学家、安全工程专家和政治家的注意,如创造就业问题、改进工作条件、公平分配国民生产总值等。这时的工人已经具有了安全意识,他们不仅要求有工作机会,而且对工作环境也提出了要求,即有一个安全和健康的工作环境。在一些工业化国家,安全生产法律法规体系建设也进一步增强,他们投入了大量的资金对安全生产方面进行研究,催生了一系列的风险管理论,如安全生产管理原理、事故致因理论和事故预防原理等。这就基本形成了以安全理论为核心的现代安全管理方法、模式、思想与理论。

到 20 世纪末,现代制造业和航空航天技术都得到了快速发展,人们对职业安全卫生问题的认识也发生了巨大的变化,职业安全问题已成为非官方贸易障碍的利刃,同时安全生产成本、环境成本等也成为产品成本中的重要组成部分。在这种背景下,企业管理者逐渐接受了"持续改进""以人为本"的健康安全管理理念,并逐渐形成了以职业健康安全管理体系为代表的企业安全生产风险管理思想,现代安全生产管理理论、方法、模式及标准、规范等也日趋成熟,现代安全生产管理的内容日益丰富、完善。

在 20 世纪 50 年代,现代安全生产管理理论、方法与模式开始传入中国。在 20 世纪六七十年代,我国开始对事故致因理论、事故预防理论与现代安全生产管理思想进行相关研究。20 世纪八九十年代,开始对企业安全生产风险评价、危险源辨识和监控进行研究,同时也有一些企业对安全生产风险管理进行尝试。20 世纪末,我国与世界工业化国家同步研究并推行了职业健康安全管理体系。进入 21 世纪以来,我国一些学者对企业安全生产风险管理提出了系统化的理论雏形,他们认为企业安全管理的内容包括危险源辨识、风险评价、危险预警与监测管理、事故预防与风险控制管理以及应急管理等,这些均属于风险管理。这个理论将现代风险管理完全融入安全生产管理之中。

1.1.2　安全管理的内涵、意义及原则

1. 安全管理的内涵

安全管理是管理者对安全生产进行的一系列活动,包括计划、组织、指挥、协调和控制等。这些活动能够保护劳动者和设备在生产过程中的安全,并保障生产系统的顺利进行,同时也能促进企业改善管理、提高效益,保证顺利生产。

在海因里希和皮特森的《工业事故预防》中就体现出了安全管理即为事故预防。由于造成事故的原因包括物的不安全状态与人的不安全行为两个方面,所以

对事故的预防也应该采用两种手段去解决上述两个直接原因导致的问题,分别为工程技术手段和行为控制手段。因此,事故预防就是广义上的安全管理,包括两个方面:安全工程技术和安全行为控制。

也可以这样理解安全管理,它是帮助把安全工作做得更好的工作。一般情况下,事故通常是在一个或多个组织之内发生,所以可以将安全行为控制分为两个层面的行为控制,即组织之内的个人和组织。在个人层面,包括个人习惯性行为(安全知识、意识和习惯)、一次性行为(不安全动作);在组织层面,也包含两个阶段的行为控制,即安全文化和安全管理体系。由此可见,安全管理所对应的行为控制是在两个层面、四个阶段上进行的。

2.安全管理的意义

安全工作的目的是保证广大劳动者在生产过程中的人身安全和设备安全,防治伤亡事故和设备危害事故,保护国家和集体财产不受损失,保证生产和建设的正常进行。通常需要从3方面开展工作来实现这一目的,分别为安全管理、安全技术和劳动卫生工作。在这3方面中,安全管理起着决定性的作用,具有重要的意义。

(1)做好安全管理是防止伤亡事故和职业危害的根本对策

任何事故的发生都包含4个方面的原因:①人的不安全行为;②物的不安全行为;③环境的不安全条件;④安全管理的缺陷。其中在人、物和环境方面出现的问题,都是安全管理中出现的失误或存在的缺陷。所以,事故发生的根源是安全管理缺陷,它也是事故发生的深层次的本质原因。从生产中伤亡事故统计分析可以看出,伤亡事故中的80%以上都与安全管理缺陷密切相关。因此,要想从根本上防止事故的发生,就要加强安全管理,改进安全管理技术,提高安全管理水平。

(2)做好安全管理是贯彻落实"安全第一、预防为主、综合治理"方针的基本保证

我国安全生产的根本方针是根据多年来实现安全生产的实践经验总结出来的,即"安全第一、预防为主、综合治理"。具体从两方面去贯彻落实这一方针,一方面要求各级领导有高度的自觉性和安全责任感,并能够将各种防止事故和职业危

害的对策付诸实践;另一方面应提高广大职工的安全意识,使职工能够自觉地遵守和执行各项安全生产规程,增强职工的自我保护意识。这些工作都依赖于良好的安全管理工作。只有合理设立目标,健全安全生产管理体系,科学地规划、计划和决策,加强监督监察、考核激励和安全宣传教育,综合运用各种管理手段,才能够调动各级领导和广大职工的安全生产积极性,才能使安全生产方针得以真正贯彻执行。

(3)安全技术和劳动卫生措施要靠有效的安全管理才能发挥应有的作用

安全技术是指在生产过程中采取各种技术措施防止各种伤害,以及火灾、爆炸等事故的发生,为职工提供一个安全、良好的工作环境。劳动卫生是指对生产过程中的物理及化学危害因素进行预防和治理,例如尘毒、噪声、辐射等。不可否认,在改善劳动条件、实现安全生产方面安全技术和劳动卫生措施有着十分重要的作用。但是由于这些纵向单独分科的硬技术都是以物为主,所以它们不可能自动实现,要想发挥它们应有的作用,人们就必须计划、组织、监督、检查,并进行有效的安全管理活动。另外,单一方面的安全技术其保障作用是有限的。当代社会发展的必然趋势是"三分技术,七分管理",安全领域也毫无例外。

(4)做好安全管理,有助于改进企业管理,全面推进企业各方面工作的进步,促进经济效益的提高

在企业管理中安全管理是其重要的一部分,并且安全管理与企业的其他管理之间存在着密切的联系,它们之间是相互影响、相互促进的。防止人员伤亡事故和职业危害可以从人、物、环境以及它们之间的合理匹配这几个方面进行考虑,例如提高人员的素质,对作业环境进行改善和整治,对设备与设施进行定期的检查、维修、改造和更新,改善劳动组织的科学化以及作业方法等。当然,为了实现这些方面的对策,就不得不对生产、技术、设备、人事等加强管理,这样对企业的各个方面的工作要求就越来越高,进而推动企业管理的改善和工作的全面进步。反过来由于企业管理的改善和工作的全面进步为改进安全管理也创造了条件,这就使安全管理水平也得到了提高。

事实证明,一个企业的管理水平从其企业安全生产状况的好坏就可以看出。企业管理做得好,其必然会重视安全工作;反之企业管理做不好,必然会事故频繁,

职工将无心工作,领导也被分心去处理事故,这样企业就无法建立正常、稳定的工作秩序,企业管理就较差。

良好的安全管理和企业管理,必然可以调动劳动者的积极性,进而大大提高劳动生产率,为企业带来经济效益。相反,如果一个企业经常发生事故,这样不仅影响职工的安全与健康,对职工的积极性大大挫伤,直接导致生产效率的降低,同时还会造成设备的损坏,消耗更多的人力、物力和财力,造成巨大的经济上损失。

3. 安全管理的基本原则

安全管理是一种动态管理,生产中的人、物、环境的状态等的管理与控制都是其管理的对象。在实施安全管理过程中,为保证高效地控制好各个生产因素,必须正确处理好五种关系,坚持六项基本原则。

(1)安全管理五种关系

①安全与危险并存。在同一事物的运动中,安全与危险是相互对立、相互依赖的。因为有危险,所以为了防止危险,必须进行安全管理。由于事物是运动变化的,所以安全与危险也不是等量并存、平静相处的,而是每时每刻都发生着变化,进行着此消彼长的斗争。事物的状态在不断地向胜利一方倾斜,由此可见,绝对的安全或危险是不会存在于事物的运动中的。

以预防为主,采取多种措施保持生产的安全状态,许多的危险因素是能够控制的。

在事物的运动过程中危险因素是客观存在的,自然是可知与可控的。

②安全与生产的统一。人类社会存在和发展是以生产为基础的。如果在生产中,人、物与环境处在一种危险的状态之下,生产将不能顺利进行。因此,安全是生产的客观要求,当然,安全在生产完全停止后也就失去了意义。从生产的目的性来看,组织好安全生产就是对国家、人民和社会的最大的负责。

企业要想持续、稳定的生产就必须要有安全保障。如果在生产活动过程中总是频繁出现事故,必然会使生产陷入一片混乱之中,甚至可能会导致生产瘫痪。当生产与安全发生矛盾、职工的生命或国家财产受到威胁时,生产活动应该停下来,然后对其进行整治、消除危险因素,然后再进行生产,这样也会使后续的生产形势变好。"安全第一"并不是把安全摆在生产之上,忽视安全自然也是一种错误,应该做到统筹兼顾。

③安全与质量的包含。广义上来看,质量中包含着安全工作质量,安全概念也蕴含着质量,这两者之间相互作用,互为因果。安全第一,质量第一,两者并不矛盾。提出两者的角度是不同的,安全第一是出于对生产因素的保护而提出的,质量第一则是出于对产品成果的关心而提出的。安全为质量服务,质量需要安全保证,在生产的过程中一样也不能缺少,不论丢掉哪一头,都将使生产陷入失控状态,并且质量事故往往会发展成为安全事故。

④安全与速度互保。在生产中蛮干、乱干,心存侥幸的加快速度,没有真实和可靠,这种情况下一旦发生不幸,不但没有速度可言,反而还会耽误时间。

速度应该在安全保障下进行,安全就是速度。人们应该追求安全加速度,尽量避免安全减速度。

安全与速度是正比例关系。但是不能只重视速度,忽视安全,将安全置于不顾的做法是十分有害的。并且在速度与安全发生矛盾时,应首先考虑安全,降低速度。

⑤安全与效益兼顾。实施一系列的安全技术措施,一定会改善劳动条件、调动职工的积极性、提高劳动热情、带来经济效益,这就可以弥补原来的投入。从这个角度分析,安全与效益也是一致的,安全促进了效益的增长。

投入在安全管理中要适度、适当,精打细算,统筹安排。在力所能及的条件下保证安全生产和经济合理。为了省钱忽视安全生产或者不惜资金盲目追求高标准都是不可取的。

(2)坚持安全管理六项基本原则

①生产与安全同时进行管理。安全存在生产中,并在生产中发挥着促进与保证的作用。因此,虽然安全与生产有时会出现矛盾,但安全、生产管理的目标、目的却是一致和统一的。

安全管理是生产管理的重要组成部分,在实施过程中,安全与生产之间有着密切的联系,是进行共同管理的基础。

国务院在《关于加强企业生产中安全工作的几项规定》中明确指出:"各级领导

人员在管理生产的同时,必须负责管理安全工作"。"企业中各有关专职机构,都应该在各自业务范围内,对实现安全生产的要求负责。"

生产与安全同时进行管理,不仅体现了各级领导人员对安全管理责任的明确,也明确了一切与生产有关的机构、人员业务范围内的安全管理责任。因此,所有的与生产有关的机构、人员,都必须参与安全管理并在管理中承担责任。不能片面地认为安全管理只是安全部门的事。

生产与安全同时进行管理体现在各级人员安全生产责任制度的建立与管理责任的落实。

②坚持安全管理的目的性。安全管理的内容是对生产中的人、物、环境因素状态的管理,有效地控制人的不安全行为和物的不安全状态,消除或避免事故,达到保护劳动者安全与健康的目的。

安全管理不能盲目,要有一个明确目标。盲目的安全管理不仅劳民伤财,而且也没有消除危险因素。盲目的安全管理在一定程度上甚至可以认为是纵容了威胁人的安全与健康的状态向更为严重的方向恶化。

③必须贯彻预防为主的方针。"安全第一、预防为主"是安全生产的方针。"安全第一"是从保护生产力的角度与高度,阐述安全与生产在生产范围内的关系,进而肯定安全在生产活动中的重要性。

安全管理不是处理事故,而是在生产活动中,根据生产特点,采取有效的措施对生产因素进行管理,控制不安全因素的发展与扩大,尽可能地把可能发生的事故消灭在萌芽状态,确保人们在生产活动中的安全和健康。

实施预防为主,首先要对生产中的不安全因素有一个正确的认识,端正消除不安全因素的态度,选准消除不安全因素的时机。在安排和布置生产内容时,采取措施消除施工中可能出现的风险因素是最佳的选择。在生产活动过程中,应该有一个明确的态度,能够经常检查,及时发现不安全因素,采取措施,明确责任,尽快消除。

④坚持"四全"动态管理。安全管理是所有与生产相关的人共同的事,不只是少数人和安全机构的事。安全管理中没有全员的参与就不会有生气,更不会有好的管理效果。当然,这并不是否认了安全管理第一责任人和安全机构的作用,而是

说明了在安全管理中不仅生产组织者重要,全员性的参与和管理也很重要。

安全管理涉及生产活动中的各个方面,涉及全部的生产时间,涉及从开工到竣工交付的全部过程,涉及一切变化着的生产因素。所以,在生产活动中必须坚持全员、全过程、全方位、全天候的动态安全管理。

我们不提倡只抓住一时一事、一点一滴,简单草率、一阵风式的安全管理,那样只是走过场、形式主义,起不到好的作用。

⑤安全管理重在控制。实施安全管理的目的是为了预防和消灭事故,防止或消除事故造成的伤害,保护劳动者的安全与健康。虽然安全管理的主要内容是为了达到安全管理的目的,但是与安全管理目的关系更直接的是对生产因素状态的控制,这一点显得更为突出。因此,必须将生产中人的不安全行为和物的不安全行为看作是动态的安全管理中的重点。人的不安全行为运动轨迹与物的不安全状态运动轨迹的交叉往往造成事故的发生。从事故发生的原理分析,也说明了应当重点对生产因素状态的控制进行安全管理,而不能把约束作为安全管理的重点,这是因为约束是不带有强制性的手段。

⑥在管理中发展和提高。安全管理是一种动态管理,是变化着的生产活动中的管理。因此,安全管理是不断变化发展的,以适应变化的生产活动,以消除新的危险因素。但是不间断的探索新规律,总结管理、控制的办法与经验,指导新的变化后的管理,从而促使安全管理不断地发展完善。

1.1.3　安全管理体系

1. 建立安全管理体系的作用

(1)职业卫生状况直接反映了社会的经济发展和文明情况。社会公正、安全、文明、健康发展的标志就是全体劳动者获得安全与健康,这对维护社会安定团结和经济的可持续发展有着重要的作用。

(2)安全管理体系是基于安全管理的一整套体系,主要是对企业环境的安全卫生状态进行具体的规定和要求,使工作环境在经过科学管理的情况下符合安全卫生标准的要求。

(3)安全管理体系的健康运行需要依靠不断地提高和不断地改进。因此,安全管理体系是一个动态的,而且是一个不断地进行自我调整和完善的管理系统,并且这也是职业安全卫生管理体系的基本思想。

(4)在项目管理体系中,安全管理体系属于它的一个子系统,因此安全管理体系的循环也是整个管理系统循环的一个子系统。

2.建立安全管理体系的目标

(1)尽可能地将员工面临的安全风险降到最低

建立安全管理体系的最终目标就是实现工伤事故、职业病及其他损失的预防和控制。同时可以在市场的竞争中帮助企业树立一种负责任的良好形象,这对于企业来说相当于提高了它的竞争能力。

(2)直接或间接获得经济效益

"职业安全卫生管理体系"实施以后,不仅可以提高项目安全生产管理水平而且还可以提高其经济效益。积极地对劳动者的作业条件进行改善,既可以增强劳动者的身心健康也能够提高劳动效率。这样可以在长时间内对项目的效益起到积极的作用,在社会方面也能够起到激励作用。

(3)实现以人为本的安全管理

人力资源的质量对于生产率水平和经济的提高是十分重要的,并且它与工作环境的安全卫生状况密切相关。对于保护和发展生产力来说,职业安全卫生管理体系的建立是一种很有效的方法。

(4)树立良好的企业品牌和形象

在现代的市场竞争中,资本和技术已经不再是唯一竞争的条件,企业品牌即企业综合素质的高低成为开发市场最重要的先决条件。而企业品牌中的重要指标与重要标志就是项目职业安全卫生。

(5)促进项目管理现代化

项目运行的基础就是管理。在全球经济一体化的背景下,对现代化管理的要求也越来越高,为了完善项目大系统和提高整体的管理水平,就需要建立系统、开放、高效的管理体系。

(6)增强对国家经济发展的能力

在安全生产方面增加投入,不仅对扩大社会内部需求有利,而且还可以使社会需求总量得到增长;并且,安全生产工作做好了也可以使社会总损失减少。同时对劳动者的安全与健康进行全面的保护也是实现国家经济的可持续发展策略之一。

3.建立安全管理体系的原则

为了贯彻实施"安全第一、预防为主"的方针政策,保证在工程项目施工过程中的人身和财产安全,降低事故发生率,需要建立健全安全生产责任制和群防群治制度,根据工程的特点,建立施工项目安全管理体系,具体编制原则有以下几条:

(1)要建立在建设工程施工项目全过程中都能使用的安全管理和控制体系。

(2)进行编制时要根据《建筑法》《职业安全卫生管理体系标准》,国际劳工组织167号公约及国家有关安全生产的法律、行政法规和规程等作为依据。

(3)建立安全管理体系必须包含的基本要求和内容。项目经理部应结合各自实际加以充实,建立安全生产管理体系,确保项目的施工安全。

(4)建筑业施工企业应加强对施工项目的安全管理,指导、帮助项目经理部建立、实施并保持安全管理体系。施工项目安全管理体系必须由总承包单位负责策划建立,分包单位应结合分包工程的特点,制订相适宜的安全保证计划,并纳入接受总承包单位安全管理体系的管理。

1.2　安全生产管理

1.2.1　安全生产及其重要性

安全生产是指在生产过程中,为了避免造成人员伤害和财产损失的事故而采取的一系列事故预防和控制措施,使生产过程在符合规定的条件下进行,以保证从业人员的人身安全与健康,设备和设施免受损坏,环境免遭破坏,保证生产经营活动得以顺利进行的相关活动。

安全生产工作是全国一切经济部门和生产企业的头等大事,它直接关系着每一个人的生命安全和国家的财产安全。

安全生产和文明生产是提高企业效益和效率的前提。只有做好安全管理工作,建筑企业才能减少或避免生产中的事故和职业病,减少事故造成的直接经济损失和间接经济损失。建筑企业还必须在施工中重视安全教育,狠抓安全措施的落实,以减少事故的发生,鼓励劳动者把自己的精力、技能和知识集中应用到保证质量和高效地完成生产任务当中,以提高企业的经济效益。

1.2.2 安全生产管理的概念、原理与体制

1. 安全生产管理的概念

安全生产管理主要是针对人们在安全生产过程中的安全问题,依靠人类的智慧和人们的努力,运用有效的资源,进行有关决策、计划、组织和控制等活动,实现生产过程中人与机器设备、物料环境的和谐,达到安全生产的目标。减少和控制危害、事故,避免在生产过程中由于事故造成的人身伤害、环境污染、财产损失及其他损失。

2. 安全生产管理的原理

安全生产管理的出发点是生产管理,也就是通过科学分析,综合、抽象与概括的方法对生产管理中的安全工作所得出的安全生产管理规律。

(1)系统原理

系统原理主要就是利用系统的观点、理论和方法来对管理中出现的问题进行认识和处理,主要目的是实现管理的优化。它是现代管理学的基本原理之一。

由相互作用和互相依赖的若干部分组成的有机整体称为系统。任何一个被管理的对象都可以看作一个系统。系统还可以进一步划分为多个子系统,子系统则主要由要素构成。根据系统的观点可以看出管理系统应该具有集合性、目的性、相关性、整体性、层次性和适应性。

由上可知,安全生产管理系统仅是生产管理的一个子系统,主要涵盖安全防护

设备与设施、各级安全管理人员、安全生产操作规范和规程、安全管理规章制度和安全生产管理信息等内容。在生产活动中的各个方面都存在着安全问题,因此安全生产管理不仅是对全体人员的管理,而且还是全方位、全天候的管理。

（2）人本管理

人本管理就是着重体现以人为本的指导思想,因此必须将人的因素放在管理的首位。以人为本存在以下两层含义:

第一,任何的管理都是围绕以人为本展开的,人在管理中不仅是主体,也是客体,每个人都处在各自的管理层中,没有人也就没有管理可言。

第二,体现在管理活动中,管理活动中管理对象的要素和管理系统的各个环节都是需要人去掌管、运作、推动和实施的。

（3）预防原理

预防原理主要就是通过有效的管理和技术手段,将人的不安全行为和物的不安全状态尽量地降低或减少,进而降低事故发生的概率,将安全生产管理工作做到预防为主。即事先在可能发生人身伤害、设备或设施损坏以及环境破坏的场合采取一些措施,预防发生事故。

（4）强制原理

强制即不必经被管理者同意便可实行控制行为,即绝对服从。所以强制原理就是采取强制的手段对人的意愿和行为进行控制,使人的活动、行为等受到安全生产管理要求的约束,进而实现安全生产管理的目标。

3. 安全生产管理的体制

完善的安全生产管理组织体系不仅是安全生产管理工作不可或缺的组织工具,而且也是安全生产的有力保障。但是,为了使各项工作能够有条不紊地进行,各组织机构展开的安全生产管理工作所必须遵循的管理机制和管理体制也是十分重要的。

2004年1月9日,国务院颁发的《国务院关于进一步加强安全生产工作的决定》指出,要构建全社会齐抓共管的安全生产工作格局,强化社会监督、群众监督和新闻媒体监督,实行"政府统一领导、部门依法监管、企业全面负责、群众参与监督、全社会广泛支持"的安全生产管理体制。

（1）政府统一领导

政府统一领导是指国务院负责安全生产监督管理的部门对全国安全生产工作实施综合监督管理；县级以上地方各级人民政府依照《安全生产法》和其他有关法律、行政法规的规定，对本行政区域内的安全生产工作实施综合监督管理。

强调政府统一领导，是我国在全面建设小康和谐社会的过程中，政府以强有力的手段规范企业行为、监督和帮助企业建立安全生产自律机制，这体现了政府对建筑安全生产的管理职能。在企业追逐利润最大化的市场经济条件下，唯有政府对企业不重视安全生产的行为，可以实行强制性监督管理与控制，把各种资源和力量整合在一起，制定有关安全生产的法律法规，使安全生产管理处于有序状态。

（2）部门依法监管

部门依法监管是指各级建设行政主管部门要落实贯彻国家的法律、法规和方针政策，依法制定建设行业的规章制度和考核评价，指导企业搞好安全生产。部门对施工企业的安全生产实行监督管理时，应遵循以下原则：

①坚持"有法必依、执法必严、违法必究"的原则。

②坚持以事实为依据，以法律为准绳的原则。

③坚持预防为主的原则。

④坚持教育与处罚的原则。

⑤坚持监管与服务的原则。

（3）企业全面负责

企业全面负责是指施工单位的主要负责人依法对本单位的安全生产工作全面负责，这是市场经济体制下安全生产工作体制的基础和根本。施工单位应当建立健全安全生产责任制度和安全生产教育培训制度，制定安全生产规章制度和操作规程，保证本单位安全生产条件所需资金的投入，对所承担的建设工程进行定期和专项安全检查，并做好安全检查记录。企业应正确处理好安全与生产、安全与效益、安全与进度的关系。建设工程实行施工总承包的，由总承包单位对施工现场的安全生产负总责；总承包单位依法将建设项目分包给其他单位的，分包合同中应当明确各自的安全生产方法的权利、义务，总承包单位对分包单位的分包工程的安全生产承担连带责任。分包单位应当服从总承包的安全生产管理,分包单位不服从管理导致生产安全事故的,由分包单位承担主要责任。

企业全面负责关键要做到3个到位,即责任到位、投入到位和措施到位。

企业全面负责,不仅仅是施工企业对项目的安全生产全面负责,同时也包括建设单位、勘察单位、设计单位、工程监理单位以及其他与建设工程安全生产有关的单位都必须坚决贯彻执行国家的法律、法规和方针政策,保证建设工程安全生产,依法承担建设工程安全生产责任,建立和保持安全生产管理体系。

(4)群众参与监督

群众参与监督是指群众工会组织和劳动者个人对于建设工程安全生产应负的责任,可以弥补政府监督的不足,是政府监督的有效补充。《安全生产法》第七条规定:"工会依法组织职工参加本单位安全生产工作的民主管理和民主监督,维护职工在安全生产方面的合法权益。"

工会是代表群众的主要组织,有权对危害职工健康安全的现象提出意见、进行抵制,也有权越级控告,工会也担负着教育劳动者遵章守纪的责任。

《安全生产法》还规定:"新闻、出版、广播、电影、电视等单位有进行安全生产宣传教育的义务,有对违反安全生产法律、法规的行为进行舆论监督的权利。""居民委员会、村民委员会发现其所在区域内的生产经营单位存有事故隐患或者安全生产违法行为时,应向当地人民政府或者有关部门报告。"群众监督有助于企业加强安全管理,建立安全文化。群众监督是安全专业管理以外的一支不可忽视的安全生产管理力量。

(5)全社会广泛支持

土木工程安全管理要想做得好,仅仅依靠建设行政主管部门开展工作显然是不够的,它还需要全社会的广泛支持。全社会的广泛支持主要表现在以下两个方面:

第一,提高全社会的安全意识,形成全社会广泛"关注安全、关爱生命"的良好氛围。全社会广泛支持的广泛性在于工会、媒体、社区和公民的广泛参与,形成人人关心安全生产、人人参与安全生产的安全文化氛围。

第二,社会安全中介组织的广泛参与和支持,这主要是从专业方面提供的支持。建立国家认证、社会咨询、第三方审核、技术服务、安全评价等功能的中介支持与服务机制是安全管理发展的必然趋势,中介组织通过咨询与服务方式为建筑企业提供安全生产的技术支持,提高企业的安全生产保障水平和能力。

土木工程安全生产管理状态的改变,不仅需要政府和社会各界的广泛参与,还需要政策、法律、环境等各个方面的支持,在全社会的共同努力下,提高安全意识,增强防范能力,大大降低事故的发生率,为我国经济社会的全面、和谐、可持续发展奠定基础。

1.3 施工项目安全管理

1.3.1 施工项目安全管理的内涵、特点及内容

1. 施工项目安全管理的内涵

施工企业在施过程中组织安全生产的全部管理活动即为施工项目安全管理。施工项目安全管理的目标主要是减少一般事故,杜绝伤亡事故,保证安全管理的实现,主要是以国家的法律、法规和技术标准为依据,采取各种手段对生产要素的过程进行控制,尽量减少和消除生产要素的不安全行为和不安全状态。

施工项目安全管理包括两个方面:施工准备阶段和施工过程的安全管理。实施施工项目安全管理主要有以下原因:

第一,是保证施工项目施工过程中避免人员伤亡、财物损毁,追求最佳效益的需要。

第二,保证建设单位对施工项目工期、质量和项目功能最佳实现的需要。

第三,是施工企业建立良好的生产秩序和优美环境的必要手段。

2. 施工项目安全管理的特点

由于在施工项目实施的过程中安全事故的发生率较高,所以安全管理工作就

显得尤为重要。因此,施工安全管理的首要职责就是要保护职工在施工过程中的安全和健康,保护设备、物资不受损坏,同时这也可以将职工的积极性调动起来。施工条件不安全,施工也就不会有高的效率。

施工安全管理主要有以下几方面的特点:

(1)统一性。安全和生产是辩证统一的关系,也就是在保证安全的前提下发展生产,同时在发展生产的基础上对安全设施进行不断地改善。在生产中越重视安全,就越能促进生产。

(2)预防性。安全施工就是要贯彻"安全第一,预防为主"的方针,即做到在祸患发生之前就加以预防。

(3)长期性。在施工过程中安全施工是一项经常性的工作,安全措施和安全教育必须要做到经常化和制度化,要始终贯彻在整个安全施工过程中。

(4)群众性。安全施工关系到每个职工的利益,只有人人都重视安全,才能保证施工的安全性。

(5)科学性。各种安全措施都是实践经验与科学原理的结合,只有不断学习运用科学知识,才能够对各种安全措施进行加强和改进。

3. 施工项目安全管理的内容

(1)建立安全生产制度。安全生产制度要求全体人员都必须认真贯彻执行,并且它必须符合国家和地区的有关政策、法规、条例和规程,同时还要与本施工项目的特点相结合。

(2)加强安全技术管理。必须结合工程实际来编制施工项目管理实施规划,并且编制的安全技术措施必须是切实可行的。所有工作人员都必须严格执行。并且在执行过程中一旦发现问题,应立即采取相应的安全防护措施。在执行安全技术措施的过程中要不断地积累执行过程中的技术资料,并进行分析研究,为后续的工程提供相关借鉴。

(3)组织安全检查。监督监察是保证安全生产的必要元素。安全检查员要经常性的对施工现场进行勘察,发现并及时对施工中存在的不安全因素进行排除,对违章作业进行纠正,对安全技术措施的执行进行监督,并不断地对劳动条件进行改善,避免发生工伤事故。

(4)坚持安全技术培训和安全教育。进行安全纪律教育是新员工进入岗位前必须要做的,并且对于特种专业人员,必须要进行专业的安全技术培训,上岗前要进行考核,合格后才能上岗。组织全体人员认真学习国家、地方和本企业的安全生产责任制、安全操作规程、安全技术规程和劳动保护条例等。全体员工要树立"安全第一"的思想,在生产过程中始终保持高度的安全生产意识。

(5)进行事故处理。发生人身伤亡和各种安全事故后,应立即对事故发生的原因、过程和结果进行调查,并提出鉴定意见。同时总结经验教训,制定一些可靠措施,防止事故的再次发生。

(6)将安全生产作为一项重要的考核指标。

1.3.2 施工项目安全管理的程序及基本要求

1. 施工项目安全管理的程序

(1)项目安全目标的确定。按"目标管理"方法,在以项目经理为中心的项目管理系统内进行分解,从而确定各岗位的安全目标,实现全员安全控制。

(2)编制项目安全计划。采用技术手段对生产过程中出现的不安全因素进行控制和消除,并将其表示成文件化的形式,这就具体体现出了"预防为主"的方针,是进行工程项目安全控制的指导性文件。

(3)安全计划的实施和落实。主要是通过安全控制,使生产作业的安全状况处于受控状态,包括建立健全安全生产责任制、进行安全教育和培训、沟通和交流信息、设置安全生产措施等。

(4)检查安全计划。主要包括安全检查、对不符合情况的进行纠正,同时做好检查记录工作。依据实际情况对安全技术措施进行修改和补充。

(5)不断进行改善,直到工程项目的工作全部完成。

2. 施工项目安全管理的基本要求

(1)只有在获得安全行政主管部门颁发的《安全施工许可证》后,施工单位才能开工。

（2）无论是施工总承包单位还是各个分包单位都应该有《施工企业安全资格审查认可证》。

（3）所有人员上岗前必须具备相应的执业资格。

（4）所有新员工入职前必须经过进厂、进车间和进班组三级安全教育。

（5）对查出的安全隐患要做到定整改责任人、定整改措施、定整改完成时间、定整改完成人、定整改验收入，即"五定"。

（6）对于特殊工种的作业人员，必须要有特种作业操作证才可上岗，并且还需要严格规定对其进行复查。

（7）在安全生产中必须把握好"六关"，即措施关、交底关、教育关、防护关、检查关和改进关。

（8）施工现场应该具有较齐全的安全设施，并且符合国家及地方的相关规定。

（9）施工机械在使用前必须要先进行安全检查，尤其是现场安设的起重设备等，检查合格后才能使用。

1.4　安全管理措施

1.4.1　安全教育制度

安全教育的内容主要包括安全思想教育，安全生产技术知识教育，劳动保护方针政策教育，安全生产典型经验和事故教训等。建立安全教育制度，目的是提高职工对安全生产的认识，同时能够自觉地贯彻执行安全生产的方针、政策以及各项规章制度和劳动保护条例，并能够对安全技术知识进行掌握，保证安全生产的进行。

1. 岗位教育

新员工、生产实习人员以及调换工作岗位的员工，在上岗之前有必要对其进行岗前教育，主要内容有：生产岗位的性质和责任、安全防护设施的性能和应用、安全技术规程和规章制度以及个人防护用品的使用和保管等。在经过学习并考核合格后，新的工作人员才能上岗进行独立操作。

2.特殊工种工人的教育和训练

对于特殊工种如架子、起重、焊接、电气、司炉、机械操作、车辆驾驶等的工人，除需要进行一般性安全教育外，还需要对其进行专门的安全技能技术教育训练。

3.经常性安全教育

可以经常性地开展一些例如安全月、研讨会、安全展览会、安全技术交流会、事故现场会等各种各样的安全活动。还可以根据本单位的实际情况，具体地采用一些灵活多样的方式和方法进行安全教育，例如各种实物模型展览、科普讲座、安全挂图、安全知识竞赛等活动，这些活动都有利于职工安全生产意识的提高。

1.4.2　安全生产责任制

（1）依据"管生产必须管安全"的原则，企业就需要从上到下地建立安全生产责任制。在各公司与部门之间订立安全生产责任状，如公司与分公司或项目经理部、项目部与生产班组等。在工作职责中，公司、分公司的各级管理部门都应该明确各自的安全管理责任，例如分管生产的行政负责人，应该对生产过程中的劳动安全工作负直接领导责任；总工程师或技术负责人，应该对劳动安全工作负技术责任；项目经理应该对其所承担工程项目的安全生产负直接责任；分管其他业务的负责人，应对分管业务范围内的劳动安全工作负责等。责任制的建立，使各级领导、各职能部门和各类管理人员在生产中应负的安全责任得以明确。

（2）生产经营责任目标与安全责任目标同时制定。将安全和生产统一起来，并将安全指标作为各级施工管理机构、管理人员以及施工现场生产负责人责任目标的重要内容，才能使各级生产管理人员的安全责任心得以提高，同时才能贯彻国家有关安全生产和劳动保护政策的实施。

（3）对施工进度进行检查时，也应该对各级领导、各职能部门的安全生产指标完成情况进行检查,并将其纳为各级领导、各级管理人员工作业绩考核与年终评比的重要内容。实行重大安全事故一票否决制。

1.4.3　安全生产检查制度

1.安全生产检查的基本内容

安全生产检查的基本内容是根据建筑施工的特点及国家的有关规定,查思想、查制度、查事故隐患、查机械设备、查安全设施、查安全教育培训、查操作行为、查劳保用品使用、查伤亡事故处理、查现场文明施工等。

2.综合性安全大检查

公司一级的综合性安全大检查,一般由公司安全部门牵头,主管领导参加,主要对各施工工地安全措施的落实情况进行检查。公司一级的安全大检查应该是每季度组织一次,分公司应该每月组织一次安全检查,施工现场则应该由项目经理、总工长组织安全检查,每周检查一次,专职的安全员应该进行每天检查并随时巡查。通过这种层层的安全检查,能够对施工生产中的不安全因素及时发现并采取相应的措施,从而排除事故隐患,使生产安全进行。保障安全生产的前提即建立定期安全检查制度。

3.专项、重点检查

在进行综合性检查的时候还应该采取定期或不定期的形式进行专项的安全检查,主要针对像锅炉工、架子工、压力容器、大型吊装设备、大型土方处理设施、升降机等一些容易发生事故工种和设备进行检查,并且对一些复杂的施工条件,也要经常组织专业性的安全大检查。

4.特殊日子和特殊季节的安全检查

在重大节日期间,要对加班的职工进行重点安全教育,还要对节假日期间的安全防范措施进行认真检查和落实。

在一些特殊的季节,如雨季、风季、冬季和夏季等,需要重点检查一些特殊防护措施的落实情况,如防冻、防滑、防潮、防触电、防中暑、防坠落、防倒塌和防洪等。

5.安全检查结果的处理

在安全检查的过程中可以发现危险因素,并及时对其进行处理,进而避免发生事故,实现安全生产。在消除危险因素时,必须认真整改,真正地、切实地消除危险因素。有些危险因素由于某些原因不能立即消除,应该逐步分项分析,找到解决的方法,安排整改计划,尽快消除隐患。安全检查后要及时进行整改,不能使危险因素长期存在进而影响到人的安全。在整改时要坚持"三定"和"不推不拖"的原则,"三定"即定具体整改责任人、定解决与改正的具体措施、定消除危险因素的整改时间,由此可见,"三定"主要指的是对检查后发现的危险因素的消除态度。"不推不拖"即在解决具体的危险因素时,凡是能够靠自己解决的,一定要不推脱、不等不靠,坚决进行整改。在不能靠自己解决时,要积极寻找解决的办法,争取借助外援力量尽快解决。同时不拖延整改时间,不将整改责任推给上级,要用最快的速度消除危险因素。

1.4.4　安全原始记录制度

安全原始记录是对安全工作的监督和检查,主要是进行统计、经验总结和研究安全措施的依据。所以,安全原始记录工作一定要认真做好。安全原始记录工作主要包括:安全教育记录;安全措施登记表;安全会议记录;安全检查记录;安全事故调查、分析、处理记录;安全组织状况;安全奖惩记录等。

1.4.5　作业标准化

坚持自己的操作习惯在操作者产生的不安全行为中占有很大的比例,这主要是由于操作者对正确的操作方法不了解,为了效率省略了必要的操作步骤。为了控制人员的不安全行为,减少失误,就必须依照科学的作业标准规范人员的行为。

(1)实施作业标准化的首要条件是制定作业标准

①根据操作的具体条件,采取技术人员、操作人员和管理人员三者结合的方式

制定作业标准。并且要经过反复实践、反复修订后再进行确定。

②在作业标准中要对操作程序、步骤进行明确的规定。如何操作、操作时的质量标准、操作时的阶段目的、完成操作后物的状态等,都需要做出相应的规定。

③尽量使操作简单化、专业化,尽可能地少用工具、夹具等,尽量降低操作者熟练技能或注意力的要求。作业标准应尽可能地降低操作者的精神负担。

④作业标准不能通用化,其必须与生产和作业环境的实际情况相符合。不同作业条件应该有不同的作业标准。

(2)人的身体运动特点与规律是制定作业标准时必须要考虑的因素,同时作业场地布置、使用工具设备、操作幅度等,都应该符合人机学的要求。

①人的身体在运动的过程中,应该避免不自然的姿势和重心的经常移动,并且动作要有连贯性、自然节奏强。比如,在运动方向上不要进行剧烈的变化;尽量减少手和眼的操作次数;动作不受限制;尽量减小肢体的动作。

②在布置作业场地时,需要对行进道路、照明、通风的合理分配进行全面考虑,同时,机、料具位置固定,方便作业。

(3)反复训练,达标报偿

①在训练时要讲究方法和程序,应该先进行讲解示范,这就符合了重点突出、交代透彻的要求。

②边训练边作业,巡检纠正偏向。

③先达标、先评价、先报偿,不强求一致。

1.4.6 生产技术与安全技术的统一

生产技术工作的目的是保证生产能够顺利进行,主要是通过完善生产工艺过程、完备生产设备、规范工艺操作来发挥技术的作用。安全技术在保证生产顺利进行的全部职能和作用均包含在生产技术工作当中。虽然两者的实施目标侧重不同,但工作的目的是统一的,即保证生产顺利进行、实现效益。生产技术与安全技术的统一,体现了安全生产责任制的落实,具体实现了"管生产同时管安全"的管理原则。具体表现在以下几方面:

(1)在进行施工生产前,对产品的特点、规模、质量、生产环境和自然条件等进行考查,同时摸清与生产相关的一些具体情况下(如生产人员流动规律、能源供给状况、机械设备的配置条件、需要的临时设施规模,以及物料供应、储放、运输等条件),完成生产因素的合理匹配计算,以及施工设计和现场布置。经过审查、批准的施工设计和现场布置,便成为施工现场中生产因素流动与动态控制的唯一依据。

(2)施工项目中的分部、分项工程,在施工进行之前,针对工程具体情况与生产因素的流动特点,完成作业或操作方案。在完成方案后,为了帮助操作人员更加充分理解方案的全部内容,降低实际操作中的失误率,防止事故发生,就需要把方案的设计思想、内容与要求等,向作业人员进行充分的交底。交底不仅是安全知识教育的过程,也是确定安全技能训练的时机和目标。

(3)如果在生产技术中从控制人的不安全行为、物的不安全状态,预防事故发生,保证生产顺利进行方面去考虑,还应将以下几点纳入安全管理的职责范围:

①对操作者进行安全知识、安全技能的教育,规范他们的行为,保证其能够获得完善的、自动化的操作行为,从而减少其在操作中的失误。

②参加安全检查和事故调查,这样可以对生产过程中物的不安全状态存在的环节和部位、发生与发展,以及危害性质与程度等进行充分的了解。进而可以寻找控制物的不安全状态的规律和方法,使物的不安全状态的控制能力得以提高。

③严把设备、设施用前验收关,不将有危险隐患的设备、设施投入到生产中,预防人、机运动轨迹交叉而发生事故伤害。

1.4.7　正确对待事故的调查与处理

事故是违背人们意愿并且不希望发生的事件。一旦发生事故,不能因为违背人们意愿的原因而拒绝承认。关键在于对事故的发生要有正确的认识,并以严肃、科学、积极的态度,应对事故发生,以减少损失,采取有效措施,防止类似事故反复发生。

(1)事故发生后,要以严肃、科学的态度去认识事故,就是要认清事故,实事求是,按照规定和要求报告。不隐瞒,不回避要害,不虚报是对待故事科学、严肃态度的表现。

（2）为了利于调查事故发生的原因，在积极抢救负伤人员的同时，保护好事故现场，同时应在事故中找到生产因素控制的差距。

（3）对事故进行分析，弄清事故发生的过程，找出事故发生的原因包括人、物、环境状况等，分清事故的安全责任，并总结生产要素管理的经验教训。

（4）以事故为例，召开事故分析会，对所有生产部位、过程中的操作人员进行安全教育培训，让他们看到事故造成的危害，提高他们的安全生产意识，自觉地在生产操作过程中遵守安全规则，主动消除物的不安全状态。

（5）采取措施防止类似事故再次发生，并组织周密整改，全面实施预防措施。经验收，证明危险因素已完全消除时，再恢复生产。

（6）未遂事故即未造成伤害的事故。未遂事故是已经发生了，违背了人们意愿的事件，但是没有造成人员的伤害和经济的损失。但是其也产生了一些危险后果，即在人们的心理上造成严重创伤，它造成的影响时间将更长。

实际上未遂事故也暴露除了生产过程中的安全管理的缺陷与生产因素状态控制的薄弱环节，因此，要如同重视已发生的事故一样重视未遂事故，应对其进行调查、分析并进行妥当处理。

第 2 章　现代土木工程施工准备与施工中的安全管理技术

近年来,由于我国经济不断地发展,许多基础设施土木建筑工程,如房屋、道路、桥梁等也在持续不断地发展。但同时也发生了大量的安全事故,对人民群众的生活造成了严重的危害。所以,怎样在土木工程飞速发展的同时保证施工的安全生产,已越来越成为目前人们所关注的焦点。本章主要探究施工准备工作及安全事项,施工准备安全管理技术,地基基础工程施工中的安全管理技术,房屋建筑工程施工中的安全管理技术,路面工程施工中的安全管理技术,以及桥梁、隧道工程施工中的安全管理技术。

2.1　施工准备工作及安全事项

2.1.1　施工准备工作

1. 施工准备工作的意义

施工准备工作是为了确保工程可以顺利开工和能够正常进行施工活动而必须提前做好前期的所有准备工作,它是施工过程中的重要环节之一。

现代土木工程施工不仅是一个复杂的组织,还是一个复杂的实施过程,它投入的生产要素非常多而且容易发生变化,影响因素也很多,在施工过程中通常会面临多种多样的问题,如技术问题、协作配合问题等。对于一项这样庞大而复杂的系统工程,如果没有事先做好充分的考虑与安排,必将会让施工活动处于被动状态,致使施工活动不能正常进行,而且还可能导致重大的质量、安全事故。

仔细负责地进行施工准备工作,对充分发挥企业优势、合理组织资源、加快施工进度与工程质量、缩减工程造价、实现文明施工、确保施工安全、提高企业经济效益、赢得企业社会信誉等都具有非常重要的意义。

施工准备工作不仅是施工企业做好目标管理工作,实施技术经济责任制的根本依据,还是土木工程施工和顺利进行设备安装的重要保证。

进行施工准备工作,需要消耗一定的时间,表面上看好像延迟了进度,然而事实证明,但凡全面关注和做好施工准备工作,积极创造各项工程所有有利的施工条件,施工进度并没有放缓,而且还会加快其完工进度。由于进行施工的准备工作比较充分与完善,不仅得到了施工的主动权,还能够防止资源的浪费,避免工作的无序性,对确保工程质量与施工安全、提高效益具有非常重要的作用。

2. 施工准备工作的内容

土木工程项目其本身具有不同的规模与复杂程度,工程需要和所具备的建筑条件也不相同。所以,要依据具体工程的需要、条件、施工项目的规划来确定施工准备工作的内容,通常有:原始资料的调查分析、技术准备、施工物资准备、劳动组织准备、施工现场准备、施工的场外准备等。

(1)原始资料的调查分析

对工程和施工组织进行设计的主要依据之一就是原始资料。它的调查通常是调查工程和施工条件、工程环境特点等施工技术与组织的基础资料,以此当作施工准备工作的基础。应该有计划、有目的地实施调查原始资料的工作,而且要提前制定详细、明确的调查大纲。

原始资料调查的目的主要是对工程环境的特点和施工的技术、自然经济条件进行清楚地了解,为组织方案和施工技术的选择搜集基础资料,并把它当作确定准备工作项目的根据。为了取得期望的效果,提升质量和效率,一定要实施正确的调查程序和调查方法。

（2）技术准备

施工准备工作的重点是技术准备工作，它是现场施工准备工作的依据，为施工生产供应一切指导性文件，主要内容包括：

①对设计图纸和其他技术资料进行了解与审查。项目施工前的重要准备工作之一就是对设计图纸进行了解并审查，是为了在工程项目开始之前，能够让建筑施工技术与管理的工程技术人员充分熟悉和明白设计图纸的设计目的、结构与构造特点和技术要求。通过审查，发现图纸中出现的错误和问题并加以修正。在开始施工之前，为拟建的施工工程项目提供一份正确、完整的设计施工图纸，以确保可以根据设计图纸的要求顺利进行施工、生产出满足设计要求的建筑产品。

②对技术规范、规程和有关规定进行熟悉、学习。技术规范、规程是由国家制定的建设法规，在技术管理上具有法律效力。因此，在平时，各级工程技术人员要仔细地对这些规范知识进行学习和熟悉，在接受施工任务之后，必须要结合具体工程进行进一步地学习和研究，并依据相关规范、规程制定组织方案和施工技术，为确保质量、安全、按时完成工程任务奠定坚实的技术基础。

③对施工图预算和施工预算进行编制。对施工图预算进行编制是在拟建工程开工之前的施工准备阶段启动的，主要是对物资需求量和建筑工程成本进行确定，一旦对施工图预算进行审查，就成为签订工程承包合同，核算企业经济、编制施工计划和银行拨贷款的根据。

施工预算是施工企业在签订工程承包合同以后，以施工图预算为基础，结合企业和工程实际，依据施工方案、施工定额等来决定的，它是企业内部经济核算与班组承包的指标，是施工企业内部采用的一种预算。

④签订工程承包合同。建筑安装施工企业在承包建设工程项目，明确施工目标时一定要与建筑单位签订《建筑安装工程承包合同》，落实各方的技术经济责任，一旦签订了合同，就具备了法律效力，除了上述的工程承包合同外，建筑承包合同还包括设计合同、勘察合同等方面的经济承包合同。

⑤编制施工组织设计。施工组织设计是指挥施工现场所有生产活动的技术经济文件。它不但是施工准备工作的主要构成部分，还是做好其他施工准备的根据。它既要反映建设计划和设计的要求，也要满足施工活动的客观规律，在整个项目施

工的过程中起着战术安排和战略部署的作用,因为建筑工程的类型比较多,施工方法也是不断变化的,因此所有的建筑工程项目均需要编制施工组织设计用来组织指导施工。

（3）施工物资准备

施工物资准备指的是在项目施工中所必需的施工机械、机具等劳动手段和材料、构配件等劳动对象的准备。该项工作应以所有物资需求量计划为基础,分别实施货源、组织运输和安排储备,以满足持续施工的需求。

（4）劳动组织准备

①建立施工项目领导机构。按照工程项目的大小、结构特征与复杂性,落实施工项目领导机构的候选人和名额;根据合理分工、紧密合作,因事设职与因职选人的标准,创建具有施工经验丰富、具有开拓精神和工作高效的施工项目领导机构。

②建立精干的工作队组。按照使用的施工组织方式,明确合理的劳动组织,组建相匹配的专业队组或混合队组。

③集结施工力量,组织劳动力进场。根据开工日期和劳动需要量的计划,组织劳动力进入场地,安排工作人员的生活,并落实安全和文明施工等方面的教育。

④做好职工进场教育工作。为了明确施工计划和技术责任制,应该根据管理系统逐级实施施工技术交底。交底内容一般有以下内容,即项目施工进度计划和月旬作业计划;各项安全技术措施、缩减成本措施和质量保证措施;质量标准和验收规范要求;设计变更和技术核定事项等,有需要时要进行现场示范。同时,完善各项管理制度的内容有:检验工程质量与验收制度;工程技术档案管理制度;构件、配件、制品等建筑材料的检查验收制度;技术责任与技术交底制度;安全操作制度等,加强对工作人员遵守纪律和法律的教育。

（5）施工现场准备

施工现场的准备工作指的是给计划要新建工程的施工提供有利的施工条件和物资保证,是确保工程可以按时、按计划和顺利进行的关键因素。所以,一定要认真执行。它通常包括的内容有:消除障碍物、施工测量、"七通一平"设立临时设施等。

(6)施工的场外准备

施工现场外部的准备包括：

①分包工作。因为施工单位其本身的力量有限,需要委托外单位对一些专业的工程进行施工、安装和运输等。这使得在施工准备工作中,要根据熟悉的情况,挑选好分包商,并根据工程量、完工日期、工程质量和工程成本等内容,与分包商签订分包合同,并使其能准时并保质保量地完成。

②外购物资的加工和订货。通常,大部分的建筑材料、建筑制品和构配件均需要外购,工艺设备就需要全部外购。所以,在施工准备工作中,要立刻与供应单位签订供货合同,并约定其能按时提供货物。

③建立施工外部环境。进行施工的地点是固定的,肯定要与当地的有关部门和单位产生关系,要服从当地政府部门的管理。所以,要主动积极地与相关部门和单位进行沟通,办理好相关手续。尤其是当符合施工条件后要立刻填写开工申请报告,并上报主管部门审批,为顺利施工建立很好的外部环境。

2.1.2　施工准备工作的安全事项

1. 施工准备工作应有组织、有计划、分阶段、有步骤地进行

(1)创建施工准备工作的组织机构,确定合适的管理人员。

(2)对施工准备工作计划表进行编制,以确保施工准备工作可以按计划实施。

(3)根据工程的具体情况,把施工准备工作划分为以下时间区段,即开工前、地基基础工程、主体工程、屋面与装饰装修工程等,分期分阶段、逐步地进行。

2. 建立严格的施工准备工作责任制及相应的检查制度

因为施工准备工作的范围较广、项目较多,所以一定要设立比较严格的责任制,根据计划将有关部门和个人的责任明确到位,在施工准备中,落实各级技术负责人应承担的责任,促使各级技术负责人能够仔细地做好施工准备工作。在施工准备工作进行的过程中,要定期地实行检查,可根据周、半月、月度实行检查,主要对施工准备工作计划的实施情况进行检查。若未完成计划的要求,要分析并找到

原因,消除障碍,协调施工准备工作进度或对施工准备工作进度进行调整。可使用实际与计划对比法对其进行检查,还可以使用有关单位、人员责任制、检查施工准备工作情况,立刻在现场找出出现问题的缘由,提出处理问题的方法。第二种方法处理问题比较及时,见效快,经常在现场使用。

3. 坚持按基本建设程序办事,严格执行开工报告制度

当施工准备工作的情况符合开工条件要求的时候,要提交工程开工报审表以及开工报告等相关资料给监理工程师,由总监理工程师签发并报告建设单位后,在要求的时间内开工。

4. 施工准备工作必须贯穿施工整个过程

施工准备工作不但要在开工前集中实施,还要在工程开工之后,及时迅速全方位地做好整个施工阶段的准备工作,施工准备工作连接整个施工过程。

5. 施工准备工作要取得各协作单位的友好支持与配合

随着施工准备工作涉及的范围比较广,所以,施工单位除了要做好自身的努力外,还要取得与建设单位、监理单位、设计单位、供应单位、银行、行政主管部门和交通运输等单位之间的共同合作,以减少施工准备工作的时间,实现早日开工。

2.2　施工准备安全管理技术

2.2.1　施工现场安全管理技术

(1)施工现场文明施工管理是土木工程现场管理的重要构成部分。它是现代施工企业的管理水平和企业形象的体现。土木工程现场首先要达到水、电、路、气

通,场地要平坦整齐。施工危险的地方、现场入口和比较明显的方位,都要设立警示牌、明确信号或标志牌。

(2)根据施工组织设计平面布置图对施工平面进行合理安排。堆放设备与材料的场地要平整密实,并按照材料的特点实施防雨、排水、防干硬等措施。耐火材料要堆叠整齐,防止因地面下沉、变形而导致材料和设备的滑动和塌陷,而且要依据材料的使用先后顺序或部位定置码放,留好进出的道路。

(3)设置消防设施。耐火材料仓库和木制品生产场地及冬期施工保湿场地,要安置消防设施,并做好防火工作。拱胎、模板要根据编号进行分类堆放。容易燃烧的物品堆放的地方,一定要准备充足的、良好的消防器材。

(4)施工场所内的井坑与孔洞等要覆盖严密、堵塞或围栏。穿越沟道或洞口,一定要搭建牢固的走跳或平台,其宽度要大于或等于0.8m,并且要设立挡板和栏杆。

(5)施工用电、用水及其他能源介质的主干和支干管线的敷设要符合规范;分支管线的布置与设计要整齐有序,禁止随意拉线、随意接线,平常要有专业人员管理和维护,保持良好状态。

(6)在施工过程中,需要跨越铁路或者在其近距离作业时,经常受到火车往返的影响,因此,应该设置专岗专人进行管理,并设置信号。

(7)禁止将物品从高处向下抛扔。若要将高处的物料向下运送时,应该使用溜筒或将其装入吊筐。

(8)在有有害气体如煤气、烟尘等可能产生的地区,一定要实施有效的保护方法,应该部署专人对煤气或有害气体浓度进行测量,并设立通风器具。

(9)工人休息或现场办公所使用的临时场地、工机具仓库等要挑选在比较安全的区域。

2.2.2　施工测量中的安全管理技术

在施工准备期间,土木工程的所有构成部分都需要实施施工测量。比如,在对路基进行施工测量时,要实施中线的复测与固定、路线高程复测与水准点的增设测量、横断面的检查与补测;在对隧道进行施工测量时,要实施洞内控制测量和洞外地面控制测量;在对桥梁进行施工时,要对桥位进行测量等。所有这些均是野外作业,更甚的有在高大险峻的山岭中进行。因公路、铁路线长点多,穿越山川、平原与城镇,与附近的环境及所有构造物、电信设施等都会产生联系,所以,有很多的危害因素与隐患潜藏在施工测量工作中,因此,在进行施工测量时一定要做好充分的安全工作。其安全内容包括:

(1)施工测量工作于密林草丛间进行时,要遵守保护森林、防止火灾的规定,尤其是在测量中要严防烟火,避免火灾的发生,危害国家的财产与人身安全。同时,一定要防止有害的植物、动物伤害到人,所以,要为防中暑、蚊虫叮咬等预备一些用品和防护药物。晚上在野外住宿时要注意御寒,注意防止野兽的攻击。在测量过程中要注明联络标志。

(2)测量打桩时要特别留意附近行人的安全,禁止对面使锤,防止伤到人。钢钎与其他工具禁止乱抛乱掷。

(3)在高压线周围作业时,测量人员一定要维持一定的安全距离。遇到雷、雨的时候不要停留在大树或高压线下。

(4)在险峻、危险地区实施测量时一定要系安全带,脚穿软底轻便鞋。在桥墩上进行测量时,要设立上下桥墩时避免人体坠落的安全措施。例如,要设立必需的踏梯扶手,系上安全带,以及有安全网。这些所有的安全防护用品一定要质量合格,并且有效。

(5)在公路、铁路、交通拥堵等的道路上进行测量时,一定要设立人员警戒,需要的时候,要经过交警的同意设立汽车行驶减速的标志,避免发生交通事故。尽可能派遣高技术水平、操作熟练、反应灵敏的工作人员实施测量工作,以尽量在确保质量的基础上减少测量时间,缩小事故发生的时间概率。

(6)水文测量人员要穿救生衣。在比较危险的河岸进行观测测量时,要设立可靠而安全的简易道路、必要的扶手或其他防护器具。在通航河道上,测量船要配备有效而完整的信号设备。在江中抛锚的时候,要依据港航监督部门的规定设立标志并部署专人负责瞭望。

在黑夜里实施水文测量时,一定要配备充足的照明器具。

(7)在冰上进行测量时,要向当地相关部门了解冰封的状况,确定没有危险以后,才能实施测量工作。在冰不稳定的河段或春天冰解冻的时候,禁止在冰上实施测量操作。

(8)施工测量的工作通常是在险恶或者存在危险的环境下进行的,非常辛苦,人也容易产生疲劳,所以要采取策略搞好生活,劳逸结合,注意卫生,并配备常用的药品。

2.2.3 场内交通及水电设施管理技术

(1)场内的道路要保持畅通,并时常进行维护。载重车辆经过比较多的道路,其弯道半径通常大于等于15m,特殊情况不应该小于10m,手推车道路的宽度要大于等于1.5m。陡坡或急弯地段要设立显明的交通标志。与铁路交叉的地方要有专人负责看管,并设置落杆和信号器具。

(2)在离陡壁或河流的道路比较近的地方,要设立护栏和显眼的警告信号。

(3)场内驾驶平车、斗车的道路要平坦顺直,纵坡要小于等于3%,车辆要安装制动闸,铁路终点要对倒坡与车挡进行设置。

(4)鉴定生产生活用水,其水质一定要满足国家现行标准。要采取措施保护水源,避免水质受到污染。

(5)在场内铺设的电线要有良好的绝缘,线间距和悬挂的高度一定要遵循电业部门的安全规定。

(6)在现场铺设的临时线路一定要使用绝缘物进行支撑,禁止在树木、钢筋或脚手架上缠绕电线。

(7)电工在高压线附近作业时,其安全距离为:10kV以下要大于等于0.7m,20～35kV要大于等于1m,44kV要大于等于1.2m,如若不然,一定要在断电后才能实施操作。

(8)所有的电气设备要配备专用开关,室外使用的插座、开关要外装防水箱且上锁,并将绝缘垫层设置在操作的场所。

(9)在三相四线制中性点接地供电系统中,电气设备的金属外壳要采取接零保护措施,在不是三相四线制供电系统中,电气设备的金属外壳要采取接地保护措施,其接地电阻要小于等于40Ω,并且在同一供电系统上禁止有的接零,有的接地。

(10)在检查维修所有电气设备时,通常要断电再进行作业,若一定要带电进行操作,一定要有可靠的安全措施并由专人监督保护。

(11)在工地安装变压器一定要满足电业部门的要求,并且有专人负责管理,施工用电要尽可能地使三相平衡。

(12)在现场变(配)电设备的区域,一定要配备高压安全器材和灭火用具。不是电工人员禁止接触带电设备。

(13)使用高温灯具,要避免发生火灾,它与容易燃烧物的距离要大于等于 1m,通常电灯泡距离容易燃烧的物品要大于等于 50cm。

(14)移动式电气机具设备供电要使用橡胶电缆,且要常常将其理顺,跨越道路时,要做穿管保护或埋进地下。

(15)遇到雷雨天气禁止爬杆带电施工;在室外没有特殊防护设备时一定要采用绝缘拉杆将闸断开。

(16)施工现场的临时照明应注意以下内容:①应使用瓷夹将室内的照明线路进行固定;②电线接头一定要牢固,并且要使用绝缘胶带进行包扎;③要根据用电负荷量进行保险丝的装设。

(17)密闭式电气设备适用于产生大量气体、粉尘、蒸汽等工作区域,而防爆型电气设备则应用于存在爆炸危险的工作区域。

(18)一定要将防护罩装设在电气设备的飞轮、转轮、传动带等外露的位置上。

(19)对电气设备实施检修时要根据一定的要求进行,这些要求包括:①检修电气设备时禁止其他人操作,一定要由电工来进行;②作业时如果碰到停电一定要将开关拉下,断电,检修完毕后一定要对所有设备的情况进行认真的检查,未出现异常,才能合闸;③要在断电、装设好防护以后才可检修大型电气设备,并且在开关的位置设立警示标牌,作业完毕就能拆除;若需要进行送电试验时,一定要在仔细检查并且联系有关部门以后,才能进行。

(20)大型桥梁施工现场、隧道和预制场地,一定要装设自备电源,以防止由于电网断电而导致工程损失和发生事故。要有连锁保护存在于电网与自备电源之间。

2.2.4　材料堆放安全管理技术

(1)要严格根据现场平面布置图将建筑材料、设备器材、现场制品等按指定的位置堆放,且要将标牌挂上,标明名称、规格、品种,创建收、发、存保管制度。

(2)在使用与保存特殊材料时,要使用相应的防尘、防火、防雨等措施,容易燃烧容易爆炸的物品存放时要进行分类。

(3)搭建水泥库塔要满足要求,库内禁止进水、渗水,有门有锁。所有品种的水泥要根据规定标号分清,堆放要整齐,由专人管理,账、牌、物三相符,要遵循先进先用、后进后用原则。

(4)人工沿河对砂石料进行采集时,适宜于在浅水的地方打捞或在河滩采集,采集的时候要时刻关注水情的改变。在深水处利用机械采挖砂石,采挖船、集料船要锚紧牢固,但是要禁止妨碍通航。若要进行长时间的定点采挖,要提前征求港航监督部门的同意,并设立警告标志。

(5)对石料进行开采时要从上到下逐层进行采取,然后按照石崖的高度,修整成阶梯,若有石块出现松动现象要优先去除,上下层禁止重叠作业。

(6)对石料开采进行的凿眼、爆破和搬运要依据有关规定进行。

2.3　地基基础工程施工中的安全管理技术

2.3.1　坚固地基基础对建筑工程的重要性

天然地基与人工处理地基是地基的两种主要类型。地基是建筑最基础的承重载体,在进行施工时一定要确保它的安全性与稳定性。从建筑工程的角度来看,整个建筑工程的重量是由地基基础承载的,只有在地基基础稳固的条件下才可以设计出大量的建筑结构与建筑工程样式,例如,房地产公司在进行房屋售卖时,就可以把建筑物特色设计当作亮点进行销售,由此来引起消费者的关注,拓展销售房屋的手段。从施工团队的角度来看,第一,任何施工团队一定要重视与思考的一个非常重要的问题就是安全问题,扎实牢固的地基基础可以很好地避免房屋倒塌等安全事故的发生,提高施工的安全程度;第二,地基基础工程可以合理地对建筑工程结构进行优化,使团队的施工效率得到提升,并且为工程的质量提供保障。从建筑公司的角度来看,牢固的地基基础可以显著地对建筑公司成本的管理与控制得到提升,缩减公司后期维护地基的成本,若出现由于地基不牢固而导致建筑物倾斜严重、墙体破裂的情况时,公司肯定要继续投入大量的金钱,这在一定程度上使公司的经济利益受到了严重的损害。

2.3.2　地基基础施工过程常用技术

建筑工程首先进行的部分就是地基基础施工,它对整个工程质量与使用时间有着极其重要的影响,目前,在一部分建筑工程中出现了许多地基基础施工技术方面的问题,如地基基础不稳定、地梁被拉裂等,因此,施工团队一定要根据实际的工程情况,合理地挑选地基基础施工技术。

1. 地基基础施工技术应坚持的原则

地基基础施工技术要坚持 4 个原则,内容包括:坚持经济效益与生态效益互相协调的原则,在施工时肯定会碰到大量的天然地基,施工单位要留神防止生物的多样性遭到破坏,并且要保持生态系统的平衡,兼顾大自然和人类经济活动之间的联系,以保护环境为准则,科学合理地对地基基础施工技术进行利用;坚持高科技施工设备与智能化原则,建筑工程时常会有出现在如高寒地区等非常恶劣的自然环境的地方,时刻威胁着人们的生命安全,在对地基基础施工时,施工单位要竭力使用先进的施工设备与技术,以使施工过程的信息化与智能化得到提升,例如,使用智能机器人,去复杂的地基环境中去工作,不但使人力得到了减少,还使安全系数得到了提升;坚持在确保质量的基础上节省费用,根据施工环境与公司的境况科学地挑选地基基础施工技术,使人力与物力资源的配置得到改善,尽量用极小的成本得到最多的经济效益,使建筑公司的综合实力得到提高;坚持根据当地人民的需求,创建安全适用的地基基础工程,建筑工程的终极目标是把它卖出去,让其办公、住房的功能得到充分的发挥,唯有加强地基基础的牢固性,确保工程整体的稳定性,才可以缩减后期用户与公司之间的矛盾,使人们对建筑工程的信任度得到提升。

2.地基基础施工常用技术

当前,在进行地基基础施工时通常使用的技术主要有以下几种,如表 2-1 所示。

表 2-1 地基基础施工通常使用的技术

施工技术	运用原理	优点	缺点	运用范围
振动沉桩技术	振动器	操作设备简易,体积小。成本投入低,适应领域广。地基基础施工效果好	噪声非常大,会对居民的生活造成影响。产生粉尘污染,污染环境	主要在黏土和黄土地基基础施工中使用
静压力桩技术	利用地基基础静压力	适用于地下水丰富的软土地基。噪声小,对周围居民影响小。保护环境	成本投入非常多,操作流程不简单	重点运用方法,覆盖领域广
泥浆护壁钻孔灌注桩技术	钢筋笼、灌注混凝土加固地基	适用领域广泛,黄土、坚硬土层都可以使用。种类多	对灌注混凝土比例要求高,桩孔容易发生变形	运用领域广,尤其是在软土地基中
人工成孔灌注桩技术	高科技地基基础施工设备,如电动葫芦等	科学技术含量高,灵活性强	不适合在地下水丰富的区域使用,不适宜于淤泥区域	运用领域较窄

通过表 2-1 能够概括出应用领域较广的是泥浆护壁钻孔灌注桩技术、静压力桩技术、振动沉桩技术，原因是它们适宜应用的领域比较广，具备容易操作等优势，在进行地基基础施工时，团队应按照施工区域实际的地质地貌、土壤构成等因素对施工技术进行合理的选择，当面临的土地地基施工情况比较复杂或特殊时，应斟酌混合多种施工技术的使用方式，对所有施工技术的优势进行归纳，以保证地基基础能够稳固。例如，人工成孔灌注桩技术和静压力桩技术可以使用于高寒地区的冻土区域，在对冻土岩石进行软化的同时确保当地生态环境得到了保护，使建筑公司的经济效益得到了提升。

3. 施工技术对加固地基基础的重要意义

科技是第一生产力，先进的地基基础施工技术可以显著地提高工作效率，使工程地基基础的质量得到保障，降低安全事故的风险，延迟工程的使用、维修时间，建筑公司尤其要重点关注施工技术，减少由于人为因素而导致的安全问题，合理地使用地基基础施工技术。

2.3.3　地基基础施工过程常用加固技术

在对地基基础进行施工时除了要重视施工技术的合理选择，还应对加固技术进行稳妥的选择，以使工程整体的稳定性得到提高。

1. 地基基础施工加固技术使用原则

地基基础施工加固技术要结合区域的地基境况，施工地基的不同境况使用的加固技术也是不一样的，应坚持的原则主要有如下几个方面：第一方面是坚持与实际地基统一协调的原则，在当前对建筑工程地基基础进行加固时，出现了很多没有按照地基的实际境况实施不合理的加固技术的现象，促使加固技术无法发挥它原有的功能，更甚的是还发生了如山体滑坡等安全事故；第二方面是坚持施工技术与加固技术相互协调的原则，在进行加固技术的选择时，要全面思量挖掘地基的过程，结合施工技术，使加固技术的有效性得以提高；第三方面，坚持社会效益和经济效益相互协调的原则，在挑选时，施工团队要全面思量对生态环境造成破坏的程度和对施工区域人民造成影响的程度等,要尽一切可能挑选少污染、小噪声的加固技术,取得人们的赞同,让建筑工程可以切实地为人们的生活提供方便。

2.地基基础施工过程常用加固技术

在对建设工程地基基础进行施工时,往往有如下几种加固技术可供使用,如表2-2所示。

表2-2　地基基础施工常用加固技术

加固技术	运用原理	优点	缺点	运用范围
强夯地基基础技术	土壤性质	施工技术简单,机械化设备要求不高;施工周期短,节约成本	劳动量需求大,需要的原材料较多	运用范围广
增加地基基础受力面积技术	工程整体原理	防止出现"吊脚"现象,利用混凝土等增加地基基础受力面积	规范性和标准性较差存在地基基础不对称加宽现象	运用范围较窄
地基基础灌浆加固技术	改善地基地质构成	增加地基基础稳定性,形成支撑面利用化学反应提高工作效率	环境污染大,化学浆液要求高	运用范围广,主要适用于各种地下水丰富的软土地基
地基基础静压力加固技术	液压设备和自重装置	加固效果显著,科学技术含量高,改变建筑物上部受力结构	操作程序要求严格细致,资金投入较多	运用范围较广

通过表2-2能够看出,在加固技术中,最常使用的一种方法就是强夯法,它有较低的机械化需求,由于建筑行业一直处于发展之中,这使得加工技术施工过程管理得到了加强,慢慢变为新型的强夯法加工处理方式。

2.3.4　地基基础工程施工安全管理

1. 企业自身要做好安全教育工作

企业作为安全生产的责任主体,要想从根本上控制并降低事故发生的概率,企业一定要从思想上重点关注安全生产,对企业安全生产的行为进行规范,提升安全生产的条件,并对安全生产的主体责任进行确定和落实。此外,对地基与基础工程进行施工的人员中,大多是素质、水平低下的施工人员,在其上岗前,企业一定要对这些人进行安全培训,使他们冒险、胆大、蛮干的心理得到改变,让其对施工安全有足够的重视。比如,安全管理人员可在职工的日常工作中渗透安全常识、经验等,使他们在不知不觉中受到教育。关于安全教育可采取职工喜欢的教育手段,例如,为了使职工下班后的工地生活可以丰富多彩,播放与安全施工有关的电影不失为一种好策略。

2. 建立各级安全生产责任制

落实责任是施工安全管理的核心,因此一定要创建一套完好的责任管理体系。一定要认真履行施工过程中的每一个层级,做到明晰每一层的责任,而且在安全施工过程中,要确认所有人的身份与职位,在落实责任时应该要担负什么样的责任。比如,在对地基进行施工时,应将对地基施工进行管理的经理当作第一责任人,此外,还应将一定的安全员,项目技术负责人以及施工员配置齐全。在进行施工时,要建立安全施工的目标,以完成文明施工、使安全达到标准,在这方面,还应创立围绕安全施工责任制的所有制度,并遵循规章制度、若违反规章制度必定要追究、奖励与惩罚要分明。在进行施工时发现有安全隐患出现时,应立即定人、定时、定措施,以便迅速整改。

3. 采用先进的施工设备

一种十分有效的建筑事故预防策略就是踊跃使用新工艺、新设备、新材料,将手工操作由使用自动、机械化操作进行替换,比如,使用铁木跳板替代竹跳板,使用自式吊车替代轨吊等,这样可以显著地避免基础工程建设中的坠落、起重事故发生,从而改善了施工的环境、场所,这也从根本上削减了施工事故的发生。

2.4 房屋建筑工程施工中的安全管理技术

2.4.1 房屋建筑工程施工技术的特点和发展趋势

1.房屋建筑工程施工技术的特点

房屋建筑工程技术有极高程度的专业性,需要具备一定程度的技术水平,才有资格加入到施工过程中去,更新速度也非常迅速,特别是目前房屋建筑事业繁荣发展促使房屋建筑工程施工技术不断地进步,这提高了房屋建筑工程施工技术的革新速度;房屋建筑事业具有非常广阔的覆盖面积,涵盖极多细节性的内容,涉及房屋建筑工程的各个方面。

2.房屋建筑工程施工技术的发展趋势

根据研究目前房屋建筑工程施工技术的发展趋向来看,房屋建筑工程施工技术的发展方向主要表现在如下方面:一是智能化,特别是处于计算机信息技术飞速发展的态势下,落实房屋建筑工程施工技术的信息、智能化,已变成建筑工程企业要面对的难题;二是生态化,目前,更多的人对生态理念持赞同的态度,在进行建筑工程施工时也踊跃使用高新科技技术,降低了建筑综合能源的耗损;三是绿色化,这是一种全新的理念,主要处理人与自然、人与资源的关系,这也严重影响着建筑施工过程。

2.4.2 房屋建筑工程施工技术

房屋建筑工程施工技术关联的范围十分宽,涉及的内容非常多,下面只阐述、分析几种常见的房屋建筑工程施工技术。

1. 房屋建筑基础工程施工技术

房屋建筑基础工程施工技术涉及的内容如下：

（1）桩基技术

在房屋建筑实施过程时，通常状况下采用的均是混凝土灌注桩，其直径是 0.7m，孔的深度是 40m，在这个基础上把预埋的注浆管在灌注桩成桩以后，以完成水泥浆的压入，处理好侧面与桩底的细化，等同于实现了桩基施工的过程。概述说来，最受青睐的基桩基础的特点是施工难度小，技术含量高，费用损失少。

（2）深基坑支护技术

在现实的房屋建筑施工流程中，往往会遇到各种各样的坑深与保护环境的条件，这时最常用的方法就是使用土钉墙与复合土钉墙实施深基坑支护技术。该施工技术具有成本低、施工容易，适用的领域比较宽，能够在众多深基坑支护状况中使用。此外，预应力地下连续墙除了能够加大支护墙的刚度，还能够按照事实情况，对支撑的数量进行科学合理的创建，以发挥出支护墙的最大效能。

2. 房屋建筑中混凝土施工技术

房屋建筑中混凝土施工技术同样是重要的工序。所以根据多年的混凝土施工的经验与教训，在实施该项施工技术时，要重点关注的问题有很多方面，具体内容如下：首先，要严格根据浇筑方法，依据自然流淌—水平分层—斜向分段—慢慢推移——次到顶的步骤，若混凝土有未符合指标条件时，要执行回搅操作，防止由于浇筑混凝土时过程不正确而导致质量未达到要求；其次，在振捣混凝土时，要以三道振捣为原则，第一道是振捣混凝土的坡角，第二道是振捣混凝土坡的中间，第三道是振捣混凝土的坡顶，只有按顺序执行这三道工序，才可使混凝土施工的目标达到预期；最后，要对混凝土的温度进行合理的控制。对温度进行控制的手段很多，目前大多使用的方法是革新骨料级配，其详细的工序是：将混合料放入干硬性混凝土，使水利用量与水热化减少，在对其搅拌时，添加合适的碎石或水让其冷却，以确保混凝土不会有非常高的温度，促使温度能够散发得更快。

3.钢结构安装技术

在制造时,应除去立桩长度的误差对立桩整体标高造成的影响,在吊装之前用于作为对立柱进行调整的标高基准,将从牛腿的上平面向下1m当作理论的标高截面。在立柱底板上用于对立柱进行安装与定位的基准时,表面使用1m字交叉线将通过立柱中心的点或者横纵轴线标示出来。安装时,要使立柱与基准十字交叉线重合,再用水平仪把立柱上理论标高处的标记当作正立柱的标高。

4.体外预应力技术

在建筑构件中外荷载承受之前对受拉构件中的钢筋施加预压应力,主要是为了提升与增加构件的刚度与建筑构件的耐久性。在对体外预应力结构的动力荷载进行设计时要竭尽全力避免它们有共振的现象产生,此外,还应对体外筋与建筑结构的单独振动状况进行全面的思量。缘由是由于车辆等动力荷载的影响,建筑结构的体外预应力极易在出现共振时遭到破损,会导致锚具出现疲劳损坏或者建筑构件转向处的预应力筋出现弯折疲劳的现象。

5.房屋建筑防水防渗施工技术

在现实的房屋建筑建成以后,往往会听到由于墙体裂缝,外墙框架结构梁柱与砌体围护结构有裂缝产生而使房屋外墙、门窗渗漏等问题,不但会对房屋的使用时间造成影响,而且还破坏了建筑物外观的质量。所以在对房屋建筑进行施工时,就应把防水防渗的问题考虑进去,通常情况下,房屋建筑防水防渗施工技术包括多方面的内容:第一,要对砌块的质量进行严格的把控,根据国家有关的规范与标准检测其干燥收缩值与抗压强度,这样可以确保不会由于砌块本身的收缩而导致裂缝发生;第二,在将砌块运输到施工现场以后,要严格根据规定将其进行堆置安放,还要做好防雨防水的工作,以确保其在加入施工时,质量不会发生什么改变;第三,要科学合理地布局柱、梁、墙的结构,确保在施工前进行重组的湿润性能,以确保其可以有一个更好的施工状态;第四,在实施砌筑时,要根据不一样的干密度与强度等级,将砌块实施分类,防止使用发生混乱,确保施工材料会有更好的质量;第五,在施工时,框架构墙体每天应掌握在小于 1.40m 的砌筑高度,待砌筑到梁底大约 200mm 左右时,要暂停 14 天,等砌体变形趋于稳定时,再使用相同材质的实心辅助小型砌块成 60°～75°角挤紧顶牢;第六,要尽可能地采用高质量的建筑防水材料,要把 APP 和 SBS 改性沥青防水卷材作为主要产品,在对房屋实施防水防渗操作时,要积极地使用它,通常能够收到十分令人满意的预防效果。

2.4.3　房屋建筑工程施工安全管理技术

1. 房屋建筑工程安全管理的重要作用

因为房屋建筑工程的过程十分复杂,不但关联的人数非常多,而且也牵涉到非常多的设备、材料等,同时还存在大量对工程的进度、质量产生影响的因素,若未科学地对房屋建筑工程的安全技术进行管理,将极易造成安全事故,对施工人员的生命安全造成危害,同时也对企业获取社会、经济效益有着严重的威胁。为了使房屋建筑具有高效、优质的特点,那么在建筑施工时,就要使用先进的施工技术,而且要管理好施工中的所有要素,使用最经济合理的能源与资源以使费用降低到最少,并且要使用最充分的安全防护策略,这样才可以有质量地落实房屋建筑工程。如此看来,做好安全管理技术对房屋建筑施工有着非常关键的作用。

2. 房屋建筑工程安全管理技术

(1)建立健全安全监督体系

施工企业的建筑主管部门要进一步强化创建施工安全监督体系,对施工时的安全技术规范进行制定,同时要认真实施安全教育培训与安全防护策略,并在实践中对其进行革新。其中,建筑施工企业实施安全管理制度的根本是对施工人员进行安全教育培训,施工企业要进一步强化培训施工现场人员的安全知识,认真落实施工时的所有技术操作规程,并加强自我保护策略的培训,让施工人员认识到安全管理的基本思想、理念,具备自己保护自己的能力。而关于一些工作类型比较特殊的施工人员,要对其实施专门的教育与培训,让理论教学与实践练习融合在一起,让他们掌握具体的能力。

(2)实行安全生产奖励措施

安全生产奖励制度是指对于表现比较突出的施工单位,政府有关监管部门应给予其奖励,或者是对于表现良好的个人,施工单位给予其奖励。与奖励相对的是惩罚,如果施工单位或者个人在安全生产中产生安全事故,要给予不同程度的经济、行政处罚,让其明白安全生产的重要作用,促使安全施工能够得到施工单位、人员的重点关注与落实。

(3)加强对施工现场物品的安全管理

在施工进行之前,详尽的施工平面布置图一定出现于施工方案中,而且施工图在经过审查以后要深入地研究施工中的运输路线、布置临时用电线路、各种管道、仓库、主要机械位置及工地办公、生活设施等临时工程的安排,以保证各个物品平面布置能够满足施工的安全要求。施工时所用到的施工材料均要根据施工平面图规定的地方进行安置,而且要稳固、整齐。而关于在施工时一些未使用完的材料或者拆卸下来的材料要根据类别做回收、清理处理,处理时要把钉子等危险物品弄掉或者进行打磨,避免搬运人员有刮伤等现象出现,对于有挥发性物质或油漆类的材料,要将其安放在有较好通风、禁止出现烟火的仓库。

(4)加强对施工机械设备的安全管理

使用与管理施工机械设备与施工的生产效率存在着直接的影响关系,由于科学技术一直在不断地发展,在机械设备中有更多的程序化操作参与了进来,这促使施工质量有了更多的保证。因为建筑工程这个行业的特征是劳动密集,其将来的发展方向是施工机械化,这使得施工的可靠性与准确性有了很大的提高,施工进度得到了加快,确保了施工质量,节省了施工费用,同时也使操作人员的安全风险得以缩减。

2.5　路面工程施工中的安全管理技术

2.5.1　路面工程及路面结构层次划分

使用众多筑路材料在路基的上面铺设筑成的一种层状结构物就叫作路面工程。该层状结构物的作用是为了确保汽车可以按照一定的速度,经济、舒适而安全地运行。

由于路面下的深度在增大,所以大气因素与行车载荷对路面的影响也就慢慢变弱了。此外,影响路面的工作状况的因素还包括路基的温度与湿度状况。所以,通常要按照受力情况、自然因素与使用要求等,在铺筑时,要将整个路面结构从上到下划分成多个层来进行。

由于自然环境因素与行车荷载对路面的影响是随着深度的增加而慢慢减弱的,所以,对路面材料的稳定性、抗变形能力和强度的要求也由于深度的增加慢慢变低。为了符合该特点,对路面结构进行铺筑往往划分为多个层。按照受力情况、使用要求、自然因素影响程度的不同等,划分成多个不同的层次,每个层位各承担不同的功能。一般把路面结构分成 3 个层次,即面层、基层、垫层,如图 2-1 所示。

图 2-1　路面结构层次示意图

i—路拱横坡度　1—面层　2—基层(有时包括底基层)　3—垫层

4—路缘石　5—加固路肩　6—土路肩

(1)面层

直接同天气与行车接触的表面层次称为面层,面层所承受的不利影响很多,对其影响最大的则是行车荷载的垂直、水平力和冲击力作用以及气温与雨水的改变。

所以,相比于其他层次,面层要有更高的刚度、稳定性和结构强度,并且要不透水、耐磨性要好;它的表面还要具备很好的平整度与抗滑性能。

对面层进行修筑的材料多种多样,主要包括沥青混凝土、水泥混凝土、碎石掺土或不掺土的混合料以及块石等。

(2)基层

面层的下卧层则是基层,它通常承担来自面层的行车荷载垂直力,并在垫层与土基上将其进行分布与扩散。在路面结构中,基层是承受重力的层次,所以,它还要具备充分的刚度与强度,而且还要有很好的扩散应力的能力。基层尽管在面层的下面,然而也很难防止雨水从面层渗透,而且,地下水也会浸入其中,所以,基层的平整度也要非常好。然而,因为车轮荷载水平力作用沿深度递减的速度非常迅速,对基层几乎不产生任何影响,所以并不对其有耐磨性要求。

对基层进行修筑使用的材料也有很多种类:如石灰、水泥等各种结合料,砾石,贫混凝土,天然沙砾,煤渣、石灰渣等各种工业废渣等构成的混合料,以及由这些材料与土、石、砂所构成的混合料等。

通常,高等级公路的基层非常厚,按照交通量与公路等级的需求,通常将基层划分成两层或三层进行铺筑,处在下层的叫作底基层。相对说来,对底基层材料的强度与质量要求通常比较低,并且修筑时要尽可能地采用当地的材料。

(3)垫层

将垫层设立于土基和基层之间,目的是为了使土基的温度、湿度情况有很大的改善,以确保面层和基层的强度和刚度的稳定性,防止冻胀翻浆的现象出现。通常,要把垫层设立于有冰冻翻浆与排水不正常的区域,铺设于地下水位较高的区域并且产生隔水作用的垫层叫作隔离层;而铺设于较大冻深地区的产生防冻作用的垫层叫作防冻层。另外,垫层还可以将由基层与面层传过来的车轮荷载垂直作用力进行扩散,以使土基的变形与应力得以削弱,并且垫层还可以防止将路基土挤入基层中,对基层结构的性能产生影响。

对垫层进行修筑时采用的材料并非要具有非常高的强度,但一定要具备好的隔热性与水稳定性。常用的材料主要包括松散粒料与整体性材料两类,其中松散料粒有砂、砾石、炉渣、圆石等组成的透水性垫层,而整体性材料则有石灰土或炉渣石灰土等组成的稳定性垫层。

2.5.2　沥青路面施工中的安全管理技术

1.沥青路面的类型

将沥青作为结合料黏结矿料或混合料对面层进行修筑,与所有的基层或垫层所构成的路面结构称为沥青路面。根据强度的构成原理,可将沥青混合料划分成两大类,即密实类与嵌挤类,其中密实类又称级配类;根据矿料级配可分为间断与连续级配两类,其中,连续级配又可有两种类型,即开级配与密级配;根据施工工艺又有两种类型,即拌和法、层铺法;根据技术特点可分成沥青混凝土、沥青碎石、乳化沥青碎石、沥青表面处置和沥青贯入法等。目前的分类方法通常是按照施工工艺进行划分的。

(1)层铺法

将结合料与集料进行分层摊铺、洒布、压实的路面施工方法叫作层铺法。使用层铺法修筑的沥青路面有沥青贯入式路面与沥青表面处理路面。

(2)路拌法

在路上或沿线就地对混合料进行拌和的摊铺、压实的路面施工方法叫作路拌法。

(3)厂拌法

在工厂通过使用专用的设备机具对根据规定级配的矿料与沥青材料进行加热拌和,然后将其运送至工地进行摊铺碾压形成的沥青路面的施工方法叫作广拌法。广拌沥青碎石指的是矿料中有极其少量的细颗粒,不含或含极少量的矿粉,混合料是开级配,存在10%到15%的空隙率;沥青混凝土则是指矿料中含有一定量的矿粉,混合料是根据最佳密实级配制成的,空隙率在10%以下。

根据混合料铺筑施工的温度不同,广拌法又可划分成以下两种,即热拌热铺、热拌冷铺。在我国,热拌热铺是最常使用的一种施工方法,它是指在使用专用设备对混合料进行加热拌和以后,马上趁热装运至路上摊铺压实。若将混合料经过加热拌和后存储一些时间,然后在常温下再将其装运至路上将其摊铺压实,这就是热拌冷铺。广拌法采用的沥青材料非常黏稠,并且矿料是精挑细选的,所以混合料的质量非常高,使用的期限长,然而其修建的费用非常高。

2. 市政工程路面基层施工质量控制

(1)路面基层的质量控制

施工之前对质量进行控制的第一步是要确保原材料的选择,质量要达到规范和设计要求的标准,施工设备也要满足施工的条件。在进行混合配比试验时,要明确所有混合料的最大干密度与最佳的含水量,施工前还要实施试验段施工,要对施工的时间有一个科学合理地计划。在进行施工时一定要根据设计需求执行,待拌制的混合料与检测上料通过标准后要马上摊铺,防止与摊铺不一致出现离析的现象。摊铺操作执行完毕后要对混合料进行碾压成型,必须要重点关注压实方法的挑选,要选择适应于该工程的压实方法,要立即检测厚度、平整度、压实度与含水量,保证符合设计的条件。完成路面基层施工后就可以实施养生工序,以使各个施工阶段的质量得到保证。

(2)路面基层施工材料机械的质量控制

水泥的质量应满足级配的条件,使用之前要将材料级配、标号进行比较,确保水泥的质量,并要避免水泥吸水潮解凝固。对料粒的质量进行控制,要使用方孔筛器具对基层底部材料进行筛选,以达到基层材料的级配需求。控制机械设备的质量具有非常重要的作用,路面基层施工关联的机械设备极其多,一定要按照基层施工的现实状况,科学合理地对压路机的型号进行挑选,型号各异的压路机对基层施工的影响是不相同的,对机械设备的质量进行控制,使路面基层的施工水准得到提升。

3. 市政工程沥青路面施工技术分析

(1)施工前期准备阶段

按照现实的工程状况,对自身人力、物力与财力进行分析,准备与分配施工原材料、关键的机械设备和矿料等关键施工材料,以及对技术比较熟悉的施工人员。在对沥青进行选型时,要对混合料的类型、施工现场的气候条件进行考虑,以此来对合适的沥青标号进行选择。在进行施工以前，一定要检查施工设备和施工材料，施工材料运输到现场时要满足有关的规范与技术要求。要确保施工设备的性能良好，检测时若有问题产生要立即维修以确保可以顺利地进行工作。按照《市政道路工程沥青路面施工技术规范》明确沥青混合料的配合比。进行好道路道牙的回填土工作，要根据相应的施工要求，回填时不得使用工程废弃土方，要选用高质量的土方，避免给道牙留下重大的安全隐忧，要将道路表层的所有杂物进行清理，防止污染与损坏道牙。

（2）沥青混合料的拌和阶段

在对沥青路面进行作业时，沥青的拌和情况是主要的影响原因，拌和沥青混合料的质量将会对沥青路面的使用期限、性能产生直接的影响。待监理工程师通过沥青混合料的所有技术指标以后，才可以实施正式的拌和，在进行正式的拌和以前，试拌是十分有必要的。第一步要对沥青的用量、拌和温度与时间和出厂温度等的最佳值有一个明确的认识，要使最佳的沥青混合料的颜色、分布均匀，不出现结团的情况，不要忽略拌和的质量。在进沥青混合料的拌制过程中，要严格地对材料的温度与用量进行把握，拌和之后的混合料要均匀，不出现分离的情况。

拌和达到相关规定的标准以后，从生产厂家装运至施工现场，沥青混合料的温度不应该过低或过高，要使温度大于 150℃，拌和完毕以后一定要抽查混合料，以保证沥青混合料的质量能够达到道路的施工标准。

（3）沥青混合料的摊铺阶段

在对沥青混合料进行摊铺时，应将路基上的杂物与垃圾进行清理，要使摊铺的厚度与紧密度适宜，沥青的厚度应达到技术规范标准。要按照天气状况挑选适宜的开工时间，摊铺时要竭力在白天进行，在夜里铺摊会导致厚度不同对质量产生影响，摊铺时主要是纵向摊铺，因为横向摊铺会产生接缝，在处理时难度非常大。通过摊铺机实施操作时，摊铺时要从道路的起点开始，禁止从中部区域开始摊铺。摊铺机在作业时，一定要匀速前进而且不可以中断，要沿着实线在道牙两侧安装的铁杠匀速前进。要按照施工设备情况与运输量的不同对摊铺的速度进行调整，摊铺机要时刻维持匀速的状态，不然就很难确保路面的平整度，对道路的使用寿命、性能造成影响。

(4)沥青混合料的碾压阶段

对沥青混合料的黏度与温度进行明确,使之均要达到使用的水准,将道牙两边的墨线当作基准执行碾压,次数最多为 3 次,碾压通常涵盖 3 个阶段,即初压、复压与终压。一次是高温碾压,通过摊铺机将沥青混合料摊铺完以后,选择使用 6～8t 的双钢轮压路机执行碾压是最好的方法,碾压时将温度控制在 105～125℃之间为宜,如果室外的气温比较低,可以适当地提升温度。要对每次碾压的数量进行留意,碾压时速度不要太快。压实的核心环节是二次碾压,进行二次碾压的时间宜设在一次碾压均完毕后的 5h,达到的标准是压实要满足技术规范而且无明显的轮迹。仍然使用钢轮碾压机作业,要在较高的温度下并且要紧接第一次碾压后面开始。通过二次碾压,道路表面的沥青混合料碾压已经十分坚硬充实了,应该达到了正常的使用水准。3 次碾压的任务是使轮迹印迹、缺陷得到去除,以保证沥青面层有很好的平整度,以确保道路的美观性。

4. 沥青路面施工安全管理技术

(1)在对沥青进行加热与搅拌制作混合料时,将其设立在场地空旷、人员少的地方较合适。对于拌和设备有非常大的产量时,有条件的应添加防尘设施。

(2)通常,在阴天和夜间搬运块状沥青比较合适,特别是要避开炎热的季节。在进行搬运时,使用较小的机械装卸比较好,而不应该用手直接进行装运。当确实要用手装运时,一定要佩戴坎肩、帆布手套、工作服等相应的防护。

(3)使用液态沥青车装运液态沥青比较好,要仔细检查沥青下出口阀门的密封性与可靠性。使用时要注意以下规定:①当将热沥青抽送进出油罐时,工作人员一定要避让;②当将沥青注入储油罐时,如果浮标指标到达允许的最大容量时,注入应即刻停止;③当油罐满载运行时,如果碰到下坡、弯道时,应预先减缓速度,防止紧急制动。反之,则以中速行驶为宜。

(4)使用吊具吊装桶装沥青时要注意以下规定:要仔细严格地对吊具进行检查,直到达到符合的要求。吊装时要有专业人员指挥。要绑牢沥青桶的吊索;吊着的沥青桶禁止穿过运输车辆的驾驶室上空,并且要比车厢板高,避免碰撞;吊臂旋转半径区域内禁止有人;在沥青桶还没有稳稳地落在地面上时,禁止对吊绳进行卸、取操作。

(5)沥青洒布机作业中的安全技术。①作业前要固定好洒布机的车轮,查看喷油管是否与压胶管牢固地连接在一起,节门与油嘴是否通畅,机件是不是存在损坏,检查确定完好之后,预热喷油管,将喷头安装好,然后在油箱内进行试喷,之后才能进行正式地喷洒。②装载热沥青的油桶不能漏油且坚固,其装油的量要比桶口低 10cm。当将油注入洒布机油箱时,油桶应放正、放稳,向下倒油时要慢慢地在油箱口进行,禁止猛倒。③在对沥青进行喷洒时,要用隔热材料如石棉绳、旧麻袋等将手拿的喷油管部分进行缠绕。作业时,喷头不得向上。在喷头的旁边禁止站人,要重点关注风向,禁止逆风操作。④压油的速度应均匀,禁止忽然提升速度。若喷油中断,要把喷头安置于洒布机的油箱里,将喷管固定住,以防滑动。⑤挪动洒布机,不要将油箱中的沥青注入得非常满。⑥在喷洒沥青时,若有喷头堵塞或者出现一些其他毛病,要马上将阀门关闭,待整修好后再进行作业。

(6)沥青混合料拌和站作业中的安全技术。沥青混合料拌和站的所有机电工具,在使用之前都要经过专业操作人员的认真检查,待确定正常完好之后才可以运转使用。②机组加入运转以后,所有部门、所有工程均要对所有部位的运转情况进行监视,禁止擅自离开工作岗位。③所有运转机构在运转时,其附近不能站人。④在运转时,若察觉有不正常的现象出现时,要及时上报机长,并对故障进行处理。机器停止运转之前要马上终止进料,待烘干筒、拌鼓等所有部位完成卸料以后,方可提前停止机器。等下次启动时,禁止带荷启动。⑤当搅拌机在作业时,利用工具伸入滚筒内清理或掏挖这种现象是不允许出现的,若要清理,一定要停机。若工作人员需要进入搅拌鼓内作业时,一定要有人在鼓外监护。⑥当升起料斗时,在斗下不得有人通过或工作。对料斗进行检查时,要挂好保险链。

2.5.3　混凝土路面施工中的安全管理技术

1.混凝土路面施工前的准备工作

若要将混凝土路面施工技术应用于路面工程项目建设,就务必要将前期的所有工作做一个充分的准备:①设计路面工程项目建设的人员与技术人员要根据施工地区的地理情况,结合混凝土所有原材料的优缺点,有根据地挑选出最佳的混凝土材料。用于浇筑混凝土的碎石与砂石材料也务必要根据国家公路施工相关规定挑选出高质量的碎石与砂石。②把挑选完后的混凝土材料装车以前要全面彻底地检查混凝土材料中的水泥、浇筑石料等原材料。要严格根据国家建筑材料的有关标准检测混凝土的原材料。原材料唯有通过了路面施工标准才可以装运入库,而且检测没通过的次品材料要马上退回或者用其他满足混凝土路面施工技术要求的原材料代替。③在真正进行路面工程项目实施之前,施工单位还应设立专门的实验小组与实验室设计、实验与验证混凝土原材料的搭配比例。经过多次的配比实验取得最好的混凝土配比数据。实现了上述工作以后,才可以真正启动混凝土路面施工技术。

2. 混凝土路面工程施工过程

(1)混凝土路面施工的搅拌

在进行路面施工时,使用混凝土路面施工技术的首要核心环节就是搅拌技术。由于混凝土路面施工的搅拌是一项操作性非常强的施工工艺,因此,该工作对负责搅拌的施工人员有非常高的专业化要求。因为混凝土的搅拌质量直接影响着路面施工时的公路路面的使用情况与平整程度,并且也决定着路面施工的进度与效率,因此搅拌技术务必要按照公路项目施工建设的实际规模、需求来对搅拌材料、机器进行科学合理的选择。实施搅拌前要对搅拌的原材料的质量实施全方位的检查,并且要完全地将混凝土的搅拌机器处理干净。与此同时放入混凝土搅拌机中的沙子、水泥,以及其他混合料,规则与设计搭配比例是对混凝土质量、性质产生影响的主要因素。公路施工的技术人员要将3种原材料间的搅拌比例问题控制好。最终,要把路面施工现场的温度改变当作设定混凝土搅拌时间的一个主要参考标准,要竭力防止由于冻害、受潮等原因而降低混凝土质量的现象发生。

以水泥混凝土的搅拌技术为例,如图2-2所示,图2-2中的1是装载水泥原材料的冷料系统,2是除去空气中的水分和湿度的干燥滚筒,3是隔离尘埃杂质的防尘系统,4是粉料系统,5是热骨料的提升机,6是振动筛,7是热骨料仓,8是混凝土的计量搅拌系统,9是接收和存储水泥混凝土的成品料仓。这9个系统或部件是构成水泥混凝土路面施工技术中搅拌技术的基础工序。

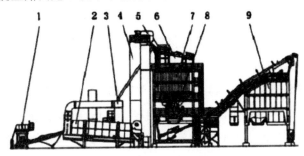

图 2-2　水泥搅拌工艺图

（2）混凝土路面施工的运输

在进行路面施工时，混凝土路面施工的运输工序通常有以下两个层面上的运输内涵：一是在搅拌混凝土时对搅拌材料实施装卸运输的活动；二是在落实了混凝土的搅拌混合以后和开始摊铺振捣等工作之前对于运输装卸混凝土材料的活动。通过搅拌，从原材料转变成成品的混凝土在运输时极易遭到外界的影响，导致了性质发生变化。施工人员与技术人员如果无法控制这种变化，将会对混凝土路面施工的技术质量与公路工程项目建设的现实使用状况造成巨大的影响。为了防止产生这些问题，公路施工现场的施工、技术人员就务必要对混凝土的运输路线与装卸环境进行科学的计划，在合理搬运的基础上竭力减少运输混凝土的时间。

（3）混凝土路面施工的摊铺和振捣

路面施工的最终环节就是摊铺和振捣。摊铺是指逐层地将完成搅拌的混凝土铺设至公路的基础路面上。振捣是指借助振动式的碾压以保证公路路面的平整、稳固。为了确保摊铺与振捣的施工质量，该环节的施工作业一定要有专业的技术人员在旁边引导，让专业的施工人员执行机械操作，从而使摊铺、振捣混凝土路面的技术质量与精确度得到提升。混凝土振捣压实施工技术有 3 种基础性的手段，即插入式振捣、振动板振捣、震动梁振捣。其中插入式振捣具有非常低的实用性与适用性，应用的领域非常有限。振动板振捣这种方式对机器设备震动的持续性时间存在非常高的条件。唯有振动梁振捣这种施工技术能够在确保公路使用状况良好和公路路面平整的基础上，为施工、技术人员节约费用、剩余劳动力与施工时间。

在摊铺、振捣混凝土路面的所有流程中,施工、技术人员一定要严格把控路面摊铺的技术质量与振捣夯实工作的实施质量。若察觉路面上有缺漏,填补、修复时要使用相同的混凝土材料,严禁利用其他材料对公路混凝土路面上的空缺进行修补。

(4)混凝土路面施工的修护和保养

待混凝土路面施工完毕后,最重要最关键的一项施工技术就是修护和保养。若没有实现路面工程项目建设施工的后期养生工作,将极易导致混凝土路面发生起壳与裂缝等病害状况。在日常生活中,使用最广泛的一种修护和保养技术就是对公路的混凝土路面进行定期地覆盖式洒水。虽然该养生技术费用少而且操作起来非常方便,但可以防止混凝土路面中的水分迅速地挥发、蒸发。借助维持混凝土路面表层的湿润度,可以使公路路面板角断裂、接缝料损坏等病害状况得到控制与避免。但是,在修护和保养公路的混凝土路面时还务必要根据施工地区的现实状况来进行。在缺水或严重缺水的地区,使用洒水养生法就不能满足公路施工现场的现实需求了。此时就应该思量其他可实施的养生技术。例如,公路施工现场的技术人员与施工人员可将一层塑料薄膜覆盖在方才浇筑完的混凝土路面上,借助抑制混凝土中水分的迅速流失对其进行修护和保养。该养生技术也可对混凝土路面的施工产生一定的影响与作用。

3.水泥混凝土路面运送中的安全管理技术

(1)在使用小型翻斗车或手推车运输混凝土时,车与车间要维持一定的安全距离。

(2)在使用水泥混凝土运输车装运混凝土拌和物时,要注意的安全事项有:①要紧固液压泵、液压马达及阀,且要与管道连接牢固,密封良好。所有泵旋转时要没有卡阻与不正常的声音。②当传动系统产生毛病时,导致液压油输出停止而使滚筒停止转动,并且也不能马上维修时,要使用紧急排出系统及时将混凝土拌和物排出来。③禁止用手去摸正在旋转的随动轮与搅拌筒。④在运输时,要严格遵守交通规则。⑤在使用自卸汽车运输混凝土混合物时,严禁超载与超速行驶。待将车停稳以后,才可顶升车厢将料卸下去。车厢还没有放下时,禁止操作人员上车将残料去除干净。

4.混凝土路面摊铺施工中的安全管理技术

(1)人工摊铺作业中的安全管理技术

①在进行钢模板的安装与拆卸时,一定要一片一片地轻抬轻放,禁止随便抛扔。一定要有规则、有顺序并稳妥地对其进行堆放。②施工时,尤其是很多人一块进行摊铺时,由于工作面比较小,锄、锹等都是较长的工具,一定要互相照应,注意安全。③在对模板进行固定时,禁止随意放搁长回头钉和插钉,防止伤人,施工完毕后,要收捡干净。④在使用电动振捣器时,操作人员应佩戴安全防护用具。应使用电缆线作为配电盘(箱)的接线,要时刻对电缆线进行检查,严防割伤。⑤如果使用木模板,要将拆模后的模板安置整齐,而且要按时取钉,稳妥堆放。

(2)机械摊铺作业中的安全要点

①轨模摊铺机。布料机与振平机之间要有一定的安全距离,通常保持在5～8m左右;要对布料机传动钢丝的松紧是否合适进行详细的检查,禁止把刮板放在与运行方向垂直的地方,也禁止通过整机的惯性对料堆进行冲击;作业时驾驶员不得擅自离开工作岗位。不相关的人员禁止上下摊铺机或停留在驾驶台上。在弯道上进行施工时,要重点关注严防摊铺机脱离轨道。

②滑模摊铺机。在我国,公路水泥混凝土路面滑模施工是一种新型的工艺技术,在设计方面与施工工艺方面都存在其特征与各种要求。

·基本要求。要按照滑模机械化的作业特征,搞好安全生产与保卫工作。在进行施工之前,施工单位要对员工实施安全生产教育,建立安全至上的思想。

·滑模施工安全生产规定。在进行施工时,要对一些安全操作规程进行制定,如搅拌楼、运输车辆、滑模摊铺机等设备,并且在进行施工时要按规定执行。

在清理搅拌的拌与锅里黏结的混凝土时,没有电视监控的搅拌楼一定要多于两人才能进行,一人值守操作台,一人进行清理。有电视监控的搅拌楼,一定要将主电视电源关闭,打开电视监控系统,并将警示红牌挂在主开关上,搅拌楼机械上料时,通过铲斗及拉铲活动的区域,禁止人员逗留。

倒退运输车辆时,车辆要鸣后退警告,而且要有专人指挥并对车后进行检查。

在施工过程中,布料机支腿臂、松铺高度梁和滑模摊铺机支腿臂、搓平梁、抹平板上不得操作与站人。在夜间进行施工时,在滑模摊铺机上要设立明显的照明、警告标志。在行车道路上停放滑模摊铺机上时,其附近一定要设立显眼的安全标志,夜里要用红灯进行警示。

在进行施工时,所有机械设备的机手不得擅自离开操作台,严防吸烟与任意明火。

·交通安全。施工区域一定要做好交通安全工作。交通比较繁忙的路口要设置标志,并且要有专业人员指挥。

·夜间用电安全。要有专人对施工机电设备进行看管、维修与保养,保证安全生产。施工区域的电缆、电线要尽全力安放在没有人、畜、车辆通行的地方。

·安全防护。现场操作人员一定要根据规定佩戴防护用具。在对容易燃烧、有毒或填缝材料进行操作时,其防火防毒等一定要按照有关规定严格执行。

(3)抹平机作业的安全要点

在采用混凝土抹平机进行作业的过程中,要使抹平机的叶片干净平整,并放置在同一水平面上,要牢固其连接螺栓,避免产生松动,同时要在无负荷条件下启动。要有专人对电缆进行收纳放置,避免出现砸压、打结,若出现有不正常的现象要马上停机检查。

(4)切缝与养护的安全要点

①切缝机在进行锯缝时,刀片夹板的螺母要紧固、牢靠,要检查所有的连接部位,以及防护罩,一定要没有任何问题。切缝之前首先要打开冷却水,冷却水停止时,切缝一定要停止。

②在进行切缝时,刀片应慢慢切入,并重点关注切入深度指示器,当遇到的切割阻力非常大时,要及时升起刀片并对其进行检查。切缝停止时,要首先将刀片提离板面后才能够停止运转。

③通常,薄膜养护的溶剂具有易燃性、毒性等特性,所以要做好贮存运送装卸的安全工作。要站在上风进行喷洒,并且要穿戴安全防护用品。

2.6　桥梁、隧道工程施工中的安全管理技术

2.6.1　桥梁工程施工中的安全管理技术

由于我国社会经济与交通运输业的不断发展,建设桥梁工程也在不断地增加,同时,社会的需求也在持续的增加,所以存在更加严格且复杂的桥梁工程的安全管理技术与施工技术要求。

1.桥梁工程施工关键技术

(1)钻桩的使用

在使用钻桩时,往往会有许多的施工单位使用它,原因是它的优点非常多,主要体现在广阔的使用区域、快并且方便、具有强劲的外力,不会产生变形。因此要根据以下步骤来使用钻孔:一是平整施工的区域,二是找准位置进行放线,以确保可以顺利地对桥梁工程施工技术进行定位,三是把钻孔的桩放进去,使用完以后,要将钻孔处理干净。

(2)找准位置放线

为了避免在放线时有误差产生,应按照施工现场的图纸进行详细的分析,方便实施紧密的放置。使用测距的尺子与仪器实施测量,核对与明确坐标轴的距离。

(3)护筒的使用

在对护筒进行使用时,发现它极易有变形的现象出现,所以在对其进行制作与埋设时,在其附近包围时要利用坚硬的物质,避免它的形状出现变化,安全遭到威胁。按照上一个步骤的定位放线实施精确的填埋工作,确保距离的准确。泥浆的池子是用于存放临时废渣的区域,因此使用完泥浆以后要将其快速地清理干净,并

一直持续地进行该过程。

（4）打孔在施工过程的使用状况

为了使打孔的垂直位置得到保证，能够采取的措施如下：在开始打孔时，应使用慢速打孔，如此一方面能够确保定位的精确性，另一方面也能够使用减压的钻进，以后再调整正常的速度打进，此外，还应按照地层的土质来对打孔的速度与循环提取泥浆的速度比进行制定，才可以保证成桩的稳定性。打孔操作应不停歇的实施，打孔后的下一步是清洗工作，使用空的调压机，清除混凝土将其变干净，避免使钢筋的硬度遭到破坏。在进行清除操作的过程中，要经常提防桩头面的平整度，当对打孔桩进行了破损检测以后，就能够开始接下来的一系列施工操作。该过程能够分两次实施，首先是严格地对孔的直径、尝试与垂直度进行分析，符合标注就能够实施相应的清孔操作，可使用换浆法进行清孔。最后将钢筋与管子放置在清孔的最底面，安装完成后进行。

2. 桥梁工程施工的要点

在准备对桥梁进行施工以前应注意检查所有的施工工具，避免有的机器出现故障，此外，还要准备充分的部件，原因是有的部件与工具极易遭到破损，比如，使用钻机时就有极多的事项需要注意，因为在进行钻井时会超负荷的持续不断地工作，从而导致钻机的部件遭到破坏，所以要准备充分的部件。此外，还需要注意的是，在进行桥梁浇筑混凝土时，应时刻明晰所有的影响因素，确保浇筑工作可以安全、顺利地实施，其次，在进行桥梁建设时，要有充分精确的计划以使施工可以有序地开展，所以在进行混凝土浇筑时，禁止出现时间间隔，因为水泥的凝固时间非常快，一点点的时间间隔就会对桥梁的质量造成极多的不利影响。

在浇筑即将完毕时，排水的泥浆或许会有点稠，要进行剔除与疏通处理。为了能够更好地实施桥梁工程施工技术，可以采用的策略如下，比如，在大部分桥梁工程施工技术人员的头脑中，几乎无人可以认识到更新桥梁工程施工技术的主要作用，因为众多基层管理人员与一线工人均对相应的桥梁工程施工技术理论知识知之甚少，并且也不知道更新桥梁工程施工技术所涉及的目标与过程，所以要加强对桥梁工程施工技术人员的培训。此外，还要重点关注桥梁工程施工技术项目小组间的信息能够正常交流,这样会有更好的效果。

3. 桥梁工程施工安全管理技术

(1)健全并完善施工现场的安全管理制度

对桥梁工程施工的实际特征进行全面的思量,健全并完善桥梁工程施工现场的安全管理制度,施工现场的安全管理工作的重要性等同于施工成本、施工质量和施工工期,在施工现场开展安全管理工作要具备的特性有 3 个,即客观性、全面性、高效性。并且,也一定要以施工安全为基准对安全管理制度进行制定,例如,在施工现场进行施工作业时,一线的施工人员一定要对《桥梁工程安全生产管理条例》中的规范要求严格执行,佩戴好各类防护用具如安全帽等,此外,还要拟定出全面的施工机械设备的维修养护策略。同时,还一定要强化监管施工现场安全工作的力度,对其实施不定期的抽查工作与定期的检查工作,若在施工现场觉察出安全问题,应马上提出消灭问题的策略,由此使施工现场的安全系数得到真实的提升,以保证工程能够高效率、优质且安全地完成并参与使用。

(2)施工单位应与当地政府安全监督部门做好信息沟通的工作

施工单位与施工当地政府的安全监督部门,要不受传统的静态的安全监督的工作模式,应融合先进的信息技术、网络技术与计算机技术,为桥梁工程创建一个更加完善的动态的监管体系。施工单位要做好和政府安全监督部门的信息沟通的工作,辅助工作人员对施工现场进行全面的安全施工的检查工作,一旦有问题出现要立刻处理,把安全问题消灭在萌芽之中,以保证工程项目可以顺利地完成。

(3)对人的安全控制

首先是对施工现场的施工人员的安全操作技能水平进行培训,按照《桥梁工程安全生产管理条例》的要求,每个施工人员一定要持证上岗。根据从前的资料数据表明,发生于桥梁工程施工现场中的所有安全事故,大约存在 85% 的安全事故是由于人的危险操作产生的。所以,按照桥梁工程施工的现实特征,做好培训一线施工人员安全生产的教育工作,进而能够使施工人员的安全防护技术标准与安全生产意识得到真正意义上的提升,换言之,减弱了产生安全事故的几率。

(4)对物的安全控制

所谓的"物"是指对桥梁工程实施作业时极其重要的动力能源载体,若它具备非常高的安全性与可靠性,这样桥梁工程也就具备了安全施工的物质保证基础。操作机械设备不正确或者运行的情况不好均会产生施工现场安全事故。因此,有必要制定严格的监督策略,实施对物的安全控制。要实时地使用技术革新施工机械设备,对于一些施工技术设备,其结构性能已严重损坏、技术水平非常落后、存有非常大的安全问题、修复价值非常低或者修复难度非常大,施工单位一定要禁止使用。此外,还应对施工设备的保养维护工作重点关注,施工单位的管理设备部门要做好施工设备功能特性的档案管理工作,按照施工现场的实际情况,准时、准确地将各个施工机械设备的工作性能与运行情况了然于胸,仔细详尽地计划好养护所有施工设备的日期。为了保证施工机械设备在使用时一直具有良好的安全性能,切实地提升施工现场的安全生产系数,施工单位还要将更新更换、养护维修施工设备的资金准备充分。

(5)对环境的安全控制

危险的环境是促使安全事故产生的物质基础,这也是安全事故出现的直接原因,危险的环境涵盖的内容主要有以下两方面,即施工环境不好、自然环境不正常。其中,施工环境不好包含温度、噪音、振动、通风、采光以及空气质量等方面出现缺陷,而自然环境不正常则包含水文、地质、气象以及岩石等恶劣自然现象的变异。

2.6.2　隧道工程施工中的安全管理技术

1. 隧道工程施工中的关键技术

(1)隧道洞身开挖

隧道是按照山体的结构而进行创建的,在创建之前,一定要掌握设计方案的重点,科学合理地将洞身的结构形式设计好。这样,在实施开挖时,一定要对结构的稳定性有一个全面的掌握。不但禁止有超挖现象产生,也不可以产生少挖,若有超挖就会使施工面加大,额外添加工程建筑过程中的回填工程量,若没有掌握好,大面积的回填还没有原先的坚固长久,整体上也没有很好的效果,使隧道后期的结构稳定性极大地缩减了;除此之外,若出现欠挖,有很大概率会对二次衬砌厚度与隧道净空造成影响,使工程向外拓展变得很困难,若规格没有达到标准,那么改善与提升就会很困难,也会极大地影响质量安全,甚至留下了更多的安全问题。在对工程进行操作时,开挖的表面是否平整,也是对质量造成影响的重要因素,若有不平整,或许会使局部围岩应力集中,对后期的二次衬砌、防水层施工造成影响,唯有全方位地做好技术安排,提高管理的能力,才可以从源头上确保开挖隧道洞身的质量,在施工过程中需要动态高速,确保满足工程的实际要求,创建出质量高的精品工程。要掌握好施工的质量一定要注意以下几方面的问题:首先,要挑选合理的开挖断面的方法,寻找到合适的开挖手段是焦点,Ⅰ-Ⅲ围岩开挖时要使用全断面法,而台阶法则是开挖Ⅳ围岩的最佳方法。在实施挖掘的过程中要把握好"短进尺、弱扰动、强支护、快封闭、勤量测"原则,以防产生坍方意外;其次,要提前推测出超前地质预报。在进行施工时要对地质情况有一个全面的掌握,实时对当前围岩与地层的状况进行汇报,借助仪器预测情况,全面掌握当地的断层、特殊岩土等方面的状况,这样可以使施工无障碍的进行下去;再次,要掌握爆破的技术与方式。隧道的断面非常大,掌子面上有很多的炮眼,爆破震动会极大地扰动围岩,爆破操作需要科学测量放样,要均匀地分布好炮眼;最后,要对断面的尺寸有一个全方位的了解。由于围岩本身非常软,而且会出现变形,所以要做好数据计算,要将支撑沉落量与变形量提前留出来,以保证断面的尺寸达到标准,若有超欠挖的现象发生,一定要马上回填,以确保强度。

(2)隧道支护

支护可以确保安全。要按照不同的围岩类别与地质状况对隧道支护结构进行操作,对于一些地质隧道不好如洞口有堆积体、滑坡体、浅埋及软弱地层,往往使用的策略包括:大管棚、小导管注浆超前支护,地面旋喷加固,以及地表注浆加固等。

支护结构是否稳定严重影响着工程的安全,前期支护的目的是使施工方便的简单作业,对后期大规模的建设几乎不产生作用。在作业时使用衬砌台车,挑选的钢模板平整度要高,科学合理地配比好混凝土,防止产生不合格的材料,确保表面不出现孔洞、气泡,然后根据尺寸实施安装,当有支撑刚度不够或变形现象产生时,需要添加支撑丝杠,以强化台车的支撑力度。

(3)隧道防排水施工技术

在进行工程建设时,一定要搞好排水工程的施工,这是高速隧道施工极其常见的工程,若控制不得当,就会有隧道渗水的情况发生,严重地影响着后期的建设,同时,也导致施工进度减缓,隧道结构无法稳定。在对隧道防排水进行作业时一定要掌握好以下原则,即"防、排、堵、截",要提升意识,以防治为辅、预防为主为基础处理好排水工作。建设时,需要铺挂防水层、设置止水带、铺设排水管,设立盲沟、安装中心水沟等方法,以确保排水能够顺利地进行。

(4)炸药及导爆管安装爆破

在进行隧道开挖时往往会使用爆破技术,要对其实施有效的质量控制就要严格地把控断面的轮廓,进而防止发生超欠挖的现象。在详细的实施过程中,光面爆破法是首先使用的方法,原因是该方法在爆破时使用的炸药量非常少,由此缩减了施工费用,同时,该方法也极容易控制断面,极低的爆破扰动,而且也具有非常高的施工过程的安全性。

在实施爆破过程时,要严格根据施工图纸中的要求进行作业,此外,还要充分地结合具体的施工环境。还要详细地勘测、分析爆破现场的围岩与周围的地质环境,一旦发现其中隐含的问题就提出相应的解决措施。

光面爆破法通常包括光面爆破与预裂光面爆破两种。若工程有极大的围岩硬度,或是其节理裂隙发育不太好的状况下要选择预裂光面爆破手段;反之,若围岩不太完整,但节理裂隙却有非常好的发育时,选择光面爆破方式是最好的。此外,还要依据围岩的实际状况对相应的爆破参数进行计算,值得注意的是,在实施爆破时以往传统的爆破技术一定不要采用。

2. 隧道工程施工安全管理技术

(1)完善工程安全管理机构

为了使隧道工程安全施工的标准达到目标,施工单位应按照安全法规定,构建完善的施工安全管理机构,落实安全管理的责任,配备相符合的安全管理技术人员,符合施工现场的安全管理,施工单位应对施工技术人员加强安全教育培训,落实施工技术标准,使施工人员的安全文明施工意识得以提高。此外,要按照隧道工程建设的特征,确认工程操作规程,配备专业的安全技术管理人员,有效地矫正在施工过程中出现的违规行为,进而为隧道工程施工安全管理建立一个没有危险的施工场所。

(2)完善隧道工程施工安全管理机制

为了使隧道工程施能够如期进行,施工单位应根据实际情况,健全安全管理机制,确定隧道爆破安全标准,对爆破工序进行科学合理的计划,矫正施工人员的施工行为,塑造很好的道德意识,确保施工人员可以严格根据施工操作规程进行施工。施工单位可使用逐级教育的培训方式,确保能够全面落实安全管理策略,使安全生产、施工可以深入到所有施工人员的心中,从根本上使施工的安全性得到保证。

在安全生产记录方式,施工单位要不停地对经验教训进行概括,根据当前的行业规范,创建严格的安全管理机制,持续提高安全管理标准,强化施工人员的安全考核,要严格修正管理不严格的行为,包括每一项安全管理制度落实到位,有效地控制施工安全。

(3)施工单位要定期组织安全教育培训

为了使施工人员安全素质可以有实质性的提高,要一直加强施工安全基础,要根据施工人员的现实状况,改善并使施工技术人员的综合素质得到提升,主要搞好施工安全教育培训,对施工人员进行安全教育,根据安全事故视频,实现隧道工程施工的安全教育工作,促使施工技术人员能够对施工安全管理的重要性有一个全面的了解与认识,以改善并提升施工安全控制风险的意识,要分析常常产生安全问题的地点,使施工人员的安全警惕性得到提高,起到典型示范的作用。所以,施工单位应定期地对施工技术人员进行安全教育培训工作。

施工单位应根据现场的施工状况,编制好安全施工技术的档案,进行好安全技术交底的工作,分析潜在的安全隐患与风险,然后依据实际情况,提出具有针对性的解决方案,由此来提高施工技术人员的安全施工意识,在实际施工时,快速有效地发觉潜在的安全问题,以确保施工可以顺利地进行。此外,在对隧道工程进行施工时,施工单位应搞好排查危险源的工作,而且要制定相应安全事故的应急方案,落实安全管理人员的责任,确保在安全事故发生之后,可以有条理地进行安全自救工作,减少因安全事故造成的损失,使施工单位安全自救的能力得到提高。

(4)施工单位要定期开展安全隐患排查工作

隧道工程与其他工程施工不一样,其施工对安全施工有非常高的水准。在进行实际的施工时,施工单位要搞好施工安全预防工作,针对安全生产持有零容忍的立场,要根据目前内部管理的现实状况,持续吸收先进安全管理的理念,对于现存的问题,要立刻进行有效的改正,以使目前工程安全管理的需求得到满足。在对工程施工安全存在的问题进行检查时,施工单位要严格检查施工的所有区域,然后依据施工安全技术标准,制订出合适的解决策略,尽量使对安全施工造成不好的因素得到消除。

(5)施工单位要采用合理的施工方法

在对隧道工程进行施工时,施工单位通常应使用高级的施工技术,由此来确保工程施工的质量,使施工的安全性得以提高。首先,施工单位要完成隧道工程施工现场勘测水文地质的工作,由此来明确科学合理的施工技术手段。其次,施工单位要搞好施工组织设计,对科学合理的隧道的开挖方式进行挑选,明确合适的操作工序,由此来对施工四周的环境进行改善,以确保安全施工。再次,对于地质环境比较繁杂的隧道,施工单位应对施工技术的适应性进行改善,由此来符合施工工程建设的需求。最后,为了使工程建设的质量得到确保,施工单位应不断使用高级的施工技术,完善施工安全技术标准,对施工的进度进行科学的控制,在实现各个阶段工程的施工后,应联系现实情况,使用安全管理策略。

(6)采用标准作业化施工

为了使管理隧道工程施工安全水平可以从根本上得到改善,在实际实施操作时,施工单位应明确科学的施工工序,根据完备的施工技术标准,科学合理地指导隧道工程施工中的各个步骤与环节。施工现场人员需要所有施工技术人员可以遵守操作规程,对隧道开挖量进行控制,主要完成喷锚支护的施工操作,实现在隧道里对围岩进行测量的任务,进而为接下来的施工奠定非常好的基础。

在实施爆破施工时,施工单位应严肃而认真的依据国家规定的标准,对施工技术方案进行科学合理的制定,并对爆破安全规程进行明晰,显著地削减不良因素,使爆破的安全性得以提高。同时,施工单位还应对搞好施工现场通风安全工作进行重视,使隧道内的空气灰尘达到允许浓度,以确保施工人员的生命安全。

第 3 章　现代土木工程施工专项安全管理技术

在施工作业中,为了避免施工现场存在的机械能、电能、热能、爆炸能等危险因素的意外排放或者在排放的时候排出障碍因素所采用的各种技术方法、技术手段的综合,均称之为安全技术。本章主要对土木工程施工专项安全管理技术进行阐述,内容有脚手架工程施工安全管理技术、高处作业施工安全管理技术,以及施工机械安全管理技术。

3.1　脚手架工程施工安全管理技术

3.1.1　脚手架的作用、种类及构造

1.脚手架的作用

脚手架是建筑施工中不可或缺的临时设施,在进行砖墙砌筑、混凝土浇筑、墙面抹灰、装修粉刷、设备管道安装等时,均要用到脚手架,其作用是方便施工作业,堆放建筑材料、用具和进行必要的短距离水平运输。它要满足施工操作的需求,同时也要为保障建筑工程质量、提升工作效率和保证施工安全提供一定的条件。总而言之,脚手架的作用有以下几个方面:

(1)脚手架是建筑工程上的操作平台,是能保障建筑物能够在立面上持续施工的主要设备,也是保障建筑物能够成功施工的重要物质基础。

（2）脚手架是施工人员操作的场所，它主要用于放置施工操作的运料、堆料和工具，而且对操作人员的施工操作非常有帮助。

（3）脚手架的上部是由防护栏杆、脚手板等构成，并安装安全网，对高空作业人员有一定的防护作用，能够保障施工人员的人身安全。

（4）脚手架可根据建筑物的高度来设置，这样做的目的是方便工人操作，同时也能保障工程的质量和施工速度。

（5）建筑工程的施工是有一些复杂的，脚手架可以实现多层作业、交叉作业、流水作业以及多工种之间的配合作业。

2. 脚手架的种类

脚手架的品种非常多，脚手架的类型不同，其特点不同，同样的，其搭设方法也不一样。当前的脚手架分类方法主要有：

（1）按用途划分

①操作（作业）脚手架。操作脚手架又分为结构作业脚手架（砌筑脚手架）和装修作业脚手架，也可称之为结构脚手架和装修脚手架，它们的架面施工荷载标准值分别为 $3kN/m^2$ 和 $2kN/m^2$。

②防护脚手架。架面施工（搭设）荷载标准值可以按照 $1kN/m^2$ 计。

③承重、支撑用脚手架。架面荷载按实际使用值计。

（2）按构架方式划分

①杆件组合式脚手架。也叫作多立杆式脚手架或杆组式脚手架。

②框架组合式脚手架。也叫框组式脚手架，它由简单的平面框架（比如门架、梯架、口字架、日字架和目字架等）与连接、撑拉杆件构成，比如门式钢管脚手架、梯式钢管脚手架和其他各种框式构件组装的鹰架等。

③各构件组合式脚手架。是由桁架梁和各构柱构成的，比如桥式脚手架［主要有提升（降）式和沿齿条爬升（降）式两种］。

④台架。台架是一种拥有一定高度和操作平面的平台架，一般为定型产品，它自身有着非常稳定的空间结构，能够单独使用、立拼增高或水平连接扩大，常带有移动装置。

（3）按脚手架的设置形式划分

①单排脚手架。仅有一排立杆的脚手架，它的横向水平杆的另外一段搁置在墙体的结构上。

②双排脚手架。拥有两排立杆的脚手架。

③多排脚手架。有着 3 排以上立杆的脚手架。

④满堂脚手架。该脚手架可根据施工范围设置，是拥有两个方向各 3 排以上的脚手架。

⑤满高脚手架。该脚手架可根据墙体或者施工作业最大高度由地面起满高度设置。

⑥交圈（周边）脚手架。该脚手架可沿着建筑物或者作业范围周边设置并且相互交圈连接。

⑦特型脚手架。该脚手架具备特殊平面和空间造型，比如它可用于烟囱、水塔、冷却塔以及其他平面为圆形、环形、外方内圆形、多边形和上扩、上缩等等特殊形状的建筑。

（4）按脚手架的支固方式划分

①落地式脚手架。该脚手架可以搭设（支座）在地面、楼面、屋面或其他平台结构之上。

②悬挑脚手架。也叫挑脚手架，该脚手架采用悬挑方式支固。

③附墙悬挂脚手架。简称脚手架，是在上部或（和）中部挂设于墙体挑挂件上的定型脚手架。

④悬吊脚手架。又叫吊脚手架，该脚手架悬吊于悬挑梁或工程结构之下。在用到篮式作业架时，称为吊篮。

⑤附着升降脚手架。简称爬架，该脚手架是依附于工程结构、依靠自身提升设备实现升降的。其中实现整体提升者，也称作整体提升脚手架。

⑥水平移动脚手架。即带行走装置的脚手架（段）或操作平台架。

（5）按脚手架平、立杆的连接方式划分

①承插式脚手架。指的是在平杆与立杆之间利用承插连接的脚手架。一般的承插连接方式主要为插片和楔槽、插片和楔盘、插片和碗扣、套管与插头以及 U 形

托挂等。

②扣接式脚手架。指的是使用扣件箍紧接的脚手架。

③销栓式脚手架。指的是采用对穿螺栓或销杆连接的脚手架,这种形式目前很少用到。

除此之外,脚手架还可根据材料分为竹脚手架、木脚手架、钢管或金属脚手架;根据使用对象或者场合来划分为高层建筑脚手架、烟囱脚手架、水塔脚手架、凉水塔脚手架以及外脚手架里脚手架等。

3. 脚手架的构造

下面就以当前在工程中被普遍使用的多立杆式钢管脚手架来举例表示脚手架的基本构造。多立杆式钢管脚手架的主要构件有立杆、大小横杆、各类支撑、连墙杆和脚手板等。按照脚手架的高度、墙体结构的承载能力等来看,可分为单排架和双排架两种搭设方式,它们的不同点为单排脚手架的横向水平杆一段支撑在墙体结构上,另外一端支撑在立杆上;双排脚手架的横向水平杆的两端都支撑在立杆上。一般来说,房屋高度小于等于 25m 的建议用单排脚手架,而大于 25m 的则要用到双排脚手架。除此之外,单排脚手架无法在轻质墙体、墙厚小于 180mm 的砖墙和窗间墙宽度小于 1m 的砖墙上使用。

多立杆式钢管脚手架根据各构造所起的作用分为承载结构、支撑体系、连墙拉结构件、作业面、脚手架基础和安全防护设施 6 个部分,多立杆式钢管脚手架的构造组成如图 3-1 所示。

(1)承载结构

在脚手架中,横向构架的构成部分为立杆和小横杆,它是脚手架直接承受和传递垂直荷载的重要部分,也是脚手架的受力主体。各榀横向承力结构通过纵向大横杆连接成一个整体,因此脚手架沿纵向也是一个构架。脚手架是由立杆、小横杆、大横杆一起构成的空间结构。其每个中心节点均是由立杆、小横杆和大横杆三维相交构成。

为了使得脚手架在房屋周围形成一个连续封闭的结构,大横杆要在房屋转角处互相交圈,并且保证不中断。步高指的是脚手架上下两层小横杆的垂直距离,而

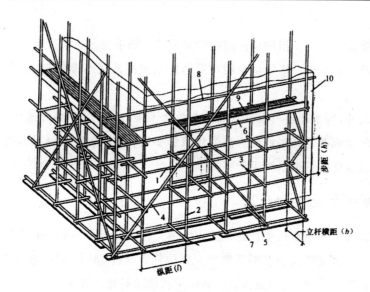

图 3-1　多立杆式钢管脚手架的构造组成

1—大横杆　2—立杆　3—小横杆　4—纵向支撑(剪刀撑)　5—横向扫地杆

6—挡脚板　7—纵向扫地杆　8—护栏　9—脚手板　10—墙体结构

立杆的纵向间距指的是两榀横向结构间的纵向间距。

①步高。底层的步高要做到不影响地面施工人员能够安全顺利地穿过脚手架,因此步高较大,通常距离地面的高度为 1.6～1.8m。其他层步高的尺寸为 1.2～1.8m,确定具体的尺寸要注意施工操作上的需求,还要注意受力上的要求以及为了方便作业面和楼层之间的水平联系等。

②纵向间距。立杆的纵向间距,通常为 1.0～2.0m,其具体的数值应根据立杆承受的内力以及立杆本身的承载能力来确定。脚手架的高度越大,则立杆要承担的内力就越多,因此要想减少其承受的内力,可以适当地增加立杆的数量,减少立杆的间距。脚手架高度一旦超出 50m 时,要做好加强的措施,比如脚手架的下部使用双立杆,上部使用单立杆。或者把脚手架下部立杆的纵距减少一半(通常上部立杆的高度要小于 35m)。

为了避免立杆偏斜而承受过大的偏心力,需要对立杆的垂直偏斜度有所控制,主要规定如下:

·立杆偏差的绝对值:脚手架的高度段 H 小于 30m 时,立杆偏差绝对值小于

50mm;H 大于 30m 时,立杆偏差绝对值小于 100mm。

　　·立杆偏差的相对值:脚手架的高度段 H 小于 25m 时,立杆偏差相对值小于 H/200;H 大于 5m 时,立杆偏差相对值小于 H/400。

　　(2)支撑体系

　　脚手架设置支撑体系的作用主要有:可以令脚手架形成一个几何稳定的空间架构;令脚手架的整体刚度、局部刚度有所加强;增大抵抗侧向作用的能力;避免节点受力后产生过大的位移。支撑体系主要有纵向支撑、横向支撑和水平支撑。脚手架的支撑体系如图 3-2 所示。

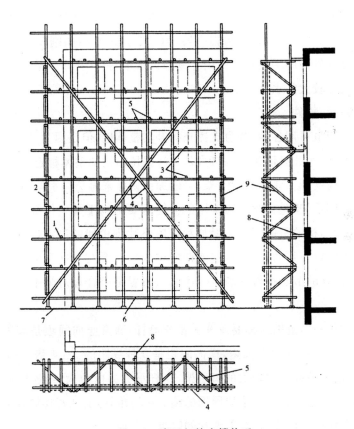

图 3-2　脚手架的支撑体系

1—大横杆　2—立柱　3—小横杆　4—剪刀撑　5—水平斜撑

6—地下横枕木　7—底板　8—连墙杆　9—横向斜撑

①纵向支撑(剪刀撑、十字撑)。它是在脚手架外侧交叉成十字形的双支斜杆,双杆互相交叉,并且都和地面成 45°～60°夹角。其作用是将脚手架连成一个整体,增强脚手架的整体稳定。

在脚手架两端和转角处需要设置剪刀撑,中间每隔 12～15m 设置一道。若脚手架的高度大于 50m,要沿着脚手架全长和全高持续设置剪刀撑。

②横向支撑(横向斜撑)。横向支撑是在横向结构内从底部到顶部沿着全高呈"之"字形设置的连续的斜撑。其作用是提升脚手架的横向刚度。通常每隔 6 个间距就要设置一道横向斜撑。

③水平支撑(水平斜撑)。脚手架在水平面内由大、小横杆构成一层层的水平空腹桁架,对于承载比较大的结构脚手架,为了令其水平横向刚度更大,要在能够设置连墙拉结杆件的脚手架水平面内连续添设水平斜杆(斜撑),呈"之"字形布置,从而形成刚度比较大的水平桁架。

(3)连墙拉结构件

双排脚手架虽可用各种、各道支撑来提升其整体性,但是因为其结构本身高跨比相差非常悬殊,为此只依赖结构自身是无法保持结构的整体稳定、防止倾覆和抵抗风力。针对高度低于 3 步的脚手架,可以加设抛撑来避免脚手架的倾覆,针对高度超过 3 步的脚手架,避免倾斜和倒塌的关键是要把脚手架整体都依附在主体结构上,通过房屋结构的整体刚度来增加和保障整片脚手架的稳定性。主要做法为在脚手架上面设置充足的连墙杆,连墙杆的位置要设置在立杆和大横杆相交的节点处,设置连墙杆的节点称作连墙点。连墙点布置是否合理对脚手架不出现失稳破坏非常重要。

在房屋的每一层范围内都要设置一排连墙杆,通常竖向间距是脚手架步高的 2～4 倍,并且在 3～4m 的范围内,横向间距是立杆纵距的 3～4 倍,并且在 4.5～6.0m 范围之内。总高度比较大的脚手架,立杆承受的内力大,则连墙杆的间距会减小,反之间距会增大。在脚手架周围的端头和转角处,要加密连墙杆。连墙杆自底部第一根大横杆处设置,且会着整片的脚手架平均布置。

连墙杆和主体结构的连接有两种,柔性连接和刚性连接,要注意的是,柔性连接仅用于总高度在 25m 以下的一般脚手架。

(4)作业面(脚手板)

作业面的横向尺寸要符合施工人员操作、临时堆料和材料运输的需要,常见的单排脚手架外立杆到墙面的距离为 1.45~1.80m(结构架),1.15~1.50m(装修架)。双排脚手架里外立杆间的距离为 1.00~1.50m(结构架),0.80~1.20m(装修架)。双排架的里立杆到墙体的距离为 350~500mm,其目的是确保工人有足够的操作活动空间。上述所说的距离对作业面的宽度有非常大的影响。

结构施工的时候,作业面脚手板沿着纵向应铺满,达到严密、牢固、铺平、铺稳的效果,其间隙不能超出 50mm。离开墙面通常取 120~150mm;在装修施工的时候,其操作层的脚手板数要在 3 块以上。架子上面禁止保留单块的脚手板。作业层的下面要铺上一层脚手板当作防护层。在施工的时候,作业层升高一层,就要将下面一层的脚手板放在上面当作作业层的脚手板,两层交替上升。

在距离地面 2m 以上铺设脚手板的作业层要在脚手架外立杆的内侧绑上两道非常牢固的护身栏杆和挡脚板或者立挂安全网。

(5)脚手架基础

落地式脚手架直接支承在地基上面,地基处理得好坏将会影响脚手架是否发生整体或者局部沉降。竹、木脚手架通常把立杆埋入土里,而钢管脚手架则是不埋入土中,而是在平整结实的地表面上,垫上厚度大于 50mm 的垫木或者垫板,而后在垫木或者垫板设置钢管底座,再设立立杆。脚手架地基要有稳定的排水措施,以避免遇到积水浸泡地基的情况。例如,钢管脚手架的基础按照搭设高度的不同,有如下几种做法:

①高度小于 25m 时,垫木可以使用长 2.0~2.5m,宽大于 200mm,厚 50~60mm 的木板,且与墙面垂直放置;如果使用 4.0m 左右长的垫板,可以与墙面平行放置。

②高度在 25~50m 之间时,如果地基是回填土,除了要分层达到需要的密实度以外,还要使用枕木支垫,或者在地基土的上面铺上 20mm 左右的道砟,然后在上面铺设混凝土预制板,再沿着纵向仰铺 12~16 号槽钢,最后把脚手架立杆放在槽钢上。

③高度大于 50m 的时候,要在地面下 1m 深处用灰土地基,而后铺上枕木,或者在内立杆处于墙面回填土的时候,除了墙基边的回填土要分层满足要达到的密

实度以外,还要在地面沿垂直墙面的方向浇筑上 0.5m 厚的混凝土基础,并且在上述灰土或者混凝土满足规定的强度以后,在其上面把枕木铺好或者在混凝土的上面铺底架设立杆。

不管是上述哪种做法,都要按照地基的容许承载能力对脚手架基础作详细设计。地基容许承载力主要为:坚硬土时使用 $100\sim120kN/m^2$,普通老土(包含 3 年以上的填土)时使用 $80\sim100kN/m^2$,夯实的回填土则使用 $50\sim80kN/m^2$。

(6)安全防护设施

为了预防人和物从高处坠落,不仅要在作业面正确铺设脚手板和安装防护栏杆和挡脚板,还要在脚手板外侧挂设立网。针对高层建筑、高耸构造物、悬挑结构以及临街房屋要使用全封闭的立网。立网可以使用塑料编织布、竹篾、席子、篷布,还可使用小眼安全网。

为了避免高处坠落的物品砸伤地面活动人群,要设置安全的人行通道或者运输通道。通道的顶盖要铺满脚手板或者其他能可靠承接落物的板篷材料,篷顶临街的一侧要设置比篷顶高不小于 0.8m 的挡墙,避免落物又反弹到街上。

脚手架无法使用全封闭立网时,要设置能够承接坠落人和物的安全平网(见图 3-3),令高处坠落的人员可以安全地着陆。针对高层房屋,为保障安全要设置多道安全平网。

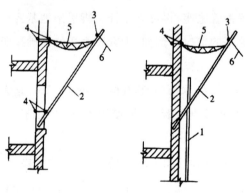

(a)墙面有窗口的安全网支搭　　(b)墙面无窗口的安全网支搭

图 3-3　安全平网

1—立杆　2—斜杆　3—顺水杆　4—拦墙杆　5—安全网　6—麻绳

3.1.2　门式钢管脚手架施工安全管理技术

1. 施工准备

(1)脚手架搭设之前,工程技术负责人要根据本规程和施工组织设计要求向搭设和使用人员作技术和安全作业要求的交底。

(2)对门架、配件、加固件要根据《建筑施工门式钢管脚手架安全技术规范》(JGJ 128—2010)的有关需要作检查和验收。禁止用不符合规格的门架、配件。

(3)对脚手架的搭设场地要进行清理、平整,并且作好排水工作。

2. 地基与基础安全要求

(1)门式脚手架和模板支架的地基与基础施工,要满足《建筑施工门式钢管脚手架安全技术规范》(JGJ 128—2010)的规定和专项施工方案的需要。

(2)在搭设之前,要在基础上标出准确的门架立杆位置线,垫板、底座安放位置,标高要保持一致。

3. 门式钢管脚手架的搭设安全要求

(1)门式脚手架和模板支架搭设程序要与下列规定相符:

①门式脚手架的搭设要和施工进度一同进行,一次搭设高度不能超出最上层连墙件两步,并且其自由高度不能超出 4m。

②门架的组装从一端向另一端延伸,可自下而上按步架设,并且要逐层改变架设的方向;不能自两端相向搭设或者从中间向两端搭设。

③每搭设完两步门架后,要对门架的水平度及立杆的垂直度进行校验。

(2)搭设门架及配件除了要符合《建筑施工门式钢管脚手架安全技术规范》(JGJ 128—2010)的规定外,还要满足如下要求:

①交叉支撑、脚手板要和门架一起装配。

②连接门架的锁臂、挂钩要保持锁住的状态。

③钢梯的设置要适应专项施工方案组装布置图的需要,底层钢梯底部要设置钢管,还要用扣件扣紧在门架立杆上。

④在施工作业层外侧周边要设置180mm高的挡脚板和两道栏杆,上道栏杆高度为1.2m,下道栏杆要居中设置。挡脚板和栏杆都要在门架立杆的内侧。

(3)加固杆的搭设要满足下面的规定:

①水平加固杆、剪刀撑加固杆需要和门架一起搭设。

②水平加固杆要设置在门架立杆的内侧,剪刀撑要设置在门架立杆的外侧。

(4)门式脚手架连墙件的安置要满足下面的要求:

①连墙件的组装要和脚手架的安装一起进行,禁止延迟安装。

②当脚手架操作层高出相邻连墙件以上两步时,在连墙件安装完成前,需要使用能够保障脚手架稳定的临时拉结措施。

(5)加固杆、连墙件等杆件与门架使用扣件连接时,要符合下面的规定:

①扣件的具体规格要与连接的钢管外径相匹配。

②扣件螺栓拧紧扭力矩值为40~65N·m。

③杆件端头伸出扣件盖板边缘长度不能小于100mm。

(6)门式脚手架通道口的搭设应满足《建筑施工门式钢管脚手架安全技术规范》(JGJ 128—2010)的规定,斜撑杆、托架梁及通道口两侧的门架立杆加强杆件要和门架一起搭设,禁止延迟安装。

4.门式钢管脚手架的拆除安全要求

(1)拆除作业满足下面的要求:

①架体的拆除要自上而下开始逐层进行,禁止上下一起作业。

②处在同一层的构配件和加固件需要根据自上而下、先外后内的顺序拆除。

③连墙件需要跟随脚手架一层层拆除,禁止先把连墙件整层或者数层拆除后再拆架体。在拆除作业的流程当中,当架体的自由高度大于两步时,需要架设临时的拉结。

④连接门架的剪刀撑等加固杆件需要在拆卸该门架时拆除。

(2)拆卸连接部件的时候,要先把止退装置旋转到开启的位置,而后拆除,不能硬拉,不能敲击。在拆除作业当中,不能用手锤等硬物击打。

（3）当门式脚手架要进行分段拆除时,架体不拆除部分的两端可以先加固后再拆除。

（4）门架和配件要利用机械或者人工运至地面,禁止抛投。

（5）拆卸下来的门架、配件和加固件等不能都放在未拆架体上,要做好检查、整修、保养等工作,并把它们按照品种、规格分别存放起来。

3.1.3　挑梁式升降脚手架施工安全管理技术

1.挑梁式升降脚手架的主要特点

挑梁式升降脚手架又叫挑梁式爬架（见图 3-4）,其脚手架的爬升是通过提升挑梁来完成的。提升挑梁式指的是从柱或者边梁上挑伸出来的型钢承力构件。挑梁靠近房屋的一端运用穿墙螺栓或者预埋件来和外墙边梁、边柱或者楼板固定;另一端是使用斜拉杆和上层相同部位固定的。把电动葫芦挂在挑梁上,葫芦的吊钩上挂上型钢承力架,脚手架则设置在承力架上。

提升时,把承力架和房屋的连接松开,开动电动葫芦,承力架则会沿着房屋外墙上升（或者下降）,在到达预定的位置时,令承力架和房屋结构固定,其固定位置要跟挑梁的固定位置对应起来,这样就能够使用同一列预留孔或者预埋件。承力架与房屋结构的固定方法和提升挑梁是一样的。

脚手架搭设在承力架上面,通常选用钢管搭建（扣件式或者碗扣式都可以）。其搭设高度的多少取决于房屋标准层的层高,通常为 3.5～4.5 倍楼层高。脚手架为双排,架宽 0.8～1.2m。立杆纵距和横杆步距不能超出 1.8m。脚手板、扶手栏、剪刀撑、连墙杆、安全网等构件都是根据脚手架的搭设需求而设立的,但是最底层的脚手板需要用木脚手板或者无网眼的钢脚手板密铺,和建筑物之间不留缝隙。安全网不仅要在架体外侧满挂,还要从自架体底部兜过来,固定在建筑物上。

为了防止脚手架在爬升过程中与房屋产生碰撞和向外倾覆,需要在脚手架上

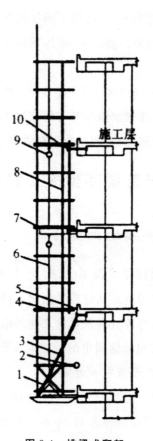

图 3-4   挑梁式爬架

1—承力架   2—导向轮   3—斜拉杆   4—脚手架   5—连墙杆   6—提升装置
7—提升挑梁   8—导向杆   9—小葫芦   10—套环

安置导向轮和导向杆。导向轮稳定在架体下半部,轮子可以随着房屋外墙或者柱子上下滚动,令脚手架与房屋间维持一个轮子的距离。导向杆则是在脚手架上半部竖向固定的一根钢管,在钢管上稳定一个套环,套环的另一端则稳定在房屋结构上。脚手架上下升降的时候,导向杆会在套环内随之升降滑移,一旦脚手架出现外倾的情况,套环就可以拉住导向杆,不令脚手架向外倾斜(见图 3-5)。

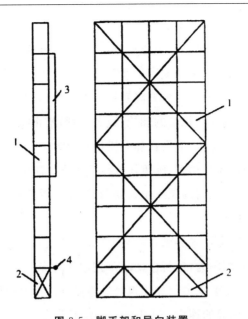

图 3-5　脚手架和导向装置

1—脚手架　2—承力架　3—导向杆　4—导向轮

2. 挑梁式升降脚手架的安全技术要求

(1)施工前的筹备以及安装爬架的安全技术要求

爬架的组装步骤如下:安装脚手架承力架→在承力架上搭建钢管脚手架→搭设栏杆铺脚手板并且绑扎安全挡板→挂安全网、兜底网→在比承力架高两层的位置上装置提升挑梁→安装电控升降系统→安装防倾斜防坠落装置、防雷装置和脚手架附墙临时拉结等等。

①施工之前要对工程的具体情况进行了解,然后开始爬架设计,根据设计需要加工制作出全部的爬架构配件,将各种脚手架材料、提升设备和作业工具筹备出来。最后将爬架施工组织设计(或者施工方案)编制出来。

②为了保障爬架施工安全,爬架施工的实现需要用专业的队伍,有一名总指挥(总负责人)以及若干技术人员,熟练电工架子工,以求今后安全监控、操作及观察脚手架的升降情况。

③根据设计需要在建筑物上预埋螺栓或者预留穿墙螺栓孔,上下两螺栓(或者

螺栓孔)中心要在一条垂直线上。

④电动葫芦编号和电控制箱单电动按钮编号,提升机挑梁编号需要维持一致。

⑤逐台查看电控制箱、电动葫芦以及其连接的电缆,令它们都要满足施工组织设计和相关的规范需求,使得电控升降系统可以正常运转。

⑥脚手架和建筑物临时拉结的螺栓(或者钢管)禁止拉结在支模架上面。

⑦防坠落安全保险装置,应设在提升机挑梁上方。预留螺栓位置应准确,与定滑轮连接应牢固,钢丝绳与吊架、配重块连接应可靠。防坠落安全保险装置要设置在提升机挑梁的上方。预留的螺栓位置要精准,和定滑轮连接要稳当,钢丝绳与吊架、配重块连接要稳固。

(2)爬架升降的安全技术要求

爬架升降的主要顺序为:运行电动葫芦把起重链条拉紧→拆除脚手架和建筑物的拉结件→解除脚手架承力架和建筑物的连接→操作电控柜令各吊点电动葫芦一起运行,并且根据标准的速度(8~10cm/min)把爬架升降到位→将承力架和建筑物固定→把脚手架和建筑物的拉结件安装上,并且做好各项安全防护措施→把电动葫芦、提升挑梁以及防倾斜、防坠落的安全装置拆除并且上(下)移一层,安装好等待下一次升降。

①爬架在升降之前要对爬架作整体的检查,具体为提升挑梁和建筑物的连接;架子的垂直度;导向杆、导向轮;电动升降系统;各种螺栓和扣件是否可靠,脚手架将要提升的施工层附墙(梁、柱)体的混凝土是否符合施工组织设计的要求。如果没有规定的要求,混凝土强度要大于 15MPa。

②在升降的过程中,要详细查看每台电动葫芦的具体情况以及脚手架和建筑物之间的情况。一旦检查出电动葫芦不同步或者其他故障,要及时调换电动葫芦,调换之后还要对其运转方向进行检查,看运转方向是否一致。如果检查出升降不同步的情况,要逐台进行调平。脚手架两水平高差不能超出 15cm,一旦发现超出,要马上进行调整。

③一旦爬架超出 30 层建筑施工时,要配置上抗风浮力拉杆,对脚手架进行升降的时候,脚手架的下方和建筑物的周围 15m 以内禁止站人,并且要派人进行看管。

3. 爬架升降后及使用阶段的安全技术要求

(1)升降完成以后要查看脚手架承力架是否牢固,栏杆和建筑物的连接螺栓是否稳固,拉杆是否拉紧。

(2)查看临时附墙拉结安装是否满足施工组织设计的需求,拉结螺栓、钢管是否牢靠。

(3)查看防倾斜、防坠落的安全装置装配是否满足施工组织技术的需要,安全配置的构配件是否齐全、完好、灵活、有效。

(4)查看脚手架外侧密眼安全立网是否满挂,绑扎是否牢固。兜底网安装是否符合要求。

(5)查看电控制箱、电源有没有切断,箱门是否锁好。

(6)在使用阶段,要对施工荷载限制起来,禁止超载使用。脚手架的负荷量不能超出 $2.5kN/m^2$,或者根据施工组织设计来规定。

(7)在脚手架下面要设立警戒区,严禁任何人员进入。

(8)每天都需要作例行检查,并且作好检查记录,一经查出问题要马上进行解决。

4. 爬架拆除的安全技术要求

爬架的拆除要在脚手架使用结束并且降落到地面后实行。详细的拆除程序及要求和一般的钢管脚手架是相同的,使用自上而下的顺序,逐层拆除,而后拆除承力架。

3.2 高处作业施工安全管理技术

3.2.1 高处作业的一般规定

1.高处作业的含义

根据国家标准规定:"凡在坠落高度基准面 2m 以上(含 2m)有可能坠落的高处进行的作业称为高处作业。"有如下两层含义:

(1)相对概念。可能坠落的地面高度大于或者等于 2m,即不管是在单层、多层还是高层建筑物作业,或是在平地,只要作业处的侧面有可能引起人员坠落的坑、井、洞或者空间,它的高度达到 2m 及其以上,这些都在高处作业的范畴之内。

(2)高低差距标准定为 2m。通常情形下,当人从 2m 以上的高度掉落时,就很可能会导致重伤、残废甚至死亡,为此高处作业要根据相关规定来做安全防护。

2.高处作业的坠落范围

通常来说,物体从高处坠落的时候,其形态常常呈抛物线的轨迹,为此要按照物体坠落的高度来判定坠落范围的半径,其目的是能够在坠落范围内做好有利的安全防护措施。通常情形下,坠落范围半径可以参考表 3-1 进行确定。

表 3-1　高处坠落高度与范围半径

坠落高度 H/m	坠落范围半径 R/m
≥2~5	2
>5~10	3
>10~30	4
>30	≥5

3.高处作业的范围

高处作业主要有临边、洞口、攀登、悬空、操作平台及交叉作业,同时也包含各类基坑、沟、槽边等工程的施工作业。

4.高处作业施工安全的基本要求

(1)高处作业的安全技术手段以及需要的料具,需要列入工程的施工组织设计中。

(2)在施工之前,需要逐级来做安全技术教育及交底,全面施行所有安全技术方法和准备人身防护用品,没有经过落实之前不能进行施工。

(3)攀登和悬空高处作业的人员,以及搭设高处作业安全设施的人员,需要进行专业的技术培训以及专业考试合格,才能持证上岗,而且要按期进行体检。作为特种作业人员需要满足如下要求:

①年龄满18周岁。

②身体健康,不会影响所从事相关工种作业的疾病,比如高血压、心脏病、贫血、癫痫病,以及其他不适合高处作业的疾病。

③初中以上的文化程度,具有相应工种的安全技术和知识,参加国家规定的安全技术理论和实际操作考核并且成绩合格。符合相应工种作业特点需要的其他条件。

(4)在施工中对高处作业的安全技术设施进行检查,一旦发现有缺陷和隐患,需要马上处理;危害到自身安全时,要立刻停止作业。

(5)施工作业场全部可能会坠落的物件,要全部撤除或者加以固定。

高处作业中用到的物料要全部堆放平稳,不要妨碍到通行和装卸。工具要做到自觉放入工具袋中;作业中的走道、通道板和登高用具,要马上打扫干净;拆卸下来的物件以及余料和废料都要马上进行清理并运走,不能胡乱放置或者往下乱丢。传递物件的时候严禁抛掷。

(6)雨天和雪天要进行高处作业的时候,需要采用稳当的防滑、防寒和防冻手段。一旦有水、冰、霜、雪要立刻进行清理。针对在高处作业的高耸建筑物,要提前装置好避雷设备。当碰见 6 级以上强风、浓雾等恶劣气候的时候，停止露天攀登和悬空高处作业。暴风雪及台风暴雨停止后，要赶紧对高处作业安全设施一一查看，一旦检查到有松动、变形、损坏或者脱落等情况，要马上进行修理并完善。

(7)因作业需要要暂时拆除或者变动安全防护设施，需要施工负责人批准，并且采用相应的可靠措施，作业后要马上进行恢复。

(8)护棚搭设与拆除时，应设警戒区，并应派专人监护。严禁上下同时拆除。

3.2.2　高处作业"三全"

1.安全帽

安全帽是能够防止或者减缓外来冲击和碰撞对头部带来的伤害的防护用品。

(1)查看外壳是否有损坏，一旦有损坏，其分解和削减外来冲击力的性能会有所减弱或者丧失，无法再使用。

(2)查看帽衬是否合格，帽衬主要是起到了吸收和缓解冲击力的作用，安全帽没有了帽衬，也就没有了保护头部的性能。

(3)查看帽带是否齐全。

(4)在佩戴前要调节好帽衬之间的间距(一般为 4~5cm)，调整好帽箍；戴帽后需要系上帽带。

(5)在现场作业中，不能随手将安全帽脱下搁置一旁，或者把它当坐垫使用。

2.安全带

安全带是高处作业的工人用来避免伤亡的防护工具。

(1)要使用通过质检部门检测合格的安全带。

(2)未经允许，不能擅自拆换安全带的各种配件，在使用之前，要注意各部分构件没有破损时才可以佩戴。

(3)在使用的过程中，安全带要高挂低用，并且避免摆动、碰撞，远离尖刺和不接触明火，不能把钩直接挂到安全绳上，通常要挂在连接环上面。

(4)禁止用有打结和继接的安全绳，避免坠落的时候，腰部承受更大的冲力伤害。

(5)在作业的时候,要把安全带的钩、环牢牢挂在系留点上面,各卡接扣紧,防止脱落。

(6)在温度比较低的环境当中,使用安全带时要注意安全绳可能出现的硬化割裂情况。

(7)使用完后,要把安全带、绳都卷成盘放入没有化学试剂、阳光的地方,要注意不能折叠。在金属配件上涂上一些机油,预防生锈。

(8)安全带只能使用 3～5 年,在这个时间段内一旦发现安全绳有磨损的情况,要马上更换,若带子破裂,则将其弃之。

3. 安全网

安全网是用来防范人、物坠落,或者预防、降低坠落及物击伤害的工具。

(1)施工现场用到的安全网要有产品质量检验合格证,旧网要有可以使用的证明书。

(2)按照安装方式和使用效果,安全网分别有平网和立网两种。施工现场中,立网是无法取代平网的。

(3)在安装之前,需要针对网及支撑物(架)作相关的检查,要求支撑物(架)有一定的强度、刚性和稳定性,并且系网处没有撑角和尖锐边缘,确定没有问题后就可以安装了。

(4)安装网搬运的时候,严禁使用钩子,不能把网弄出粗糙的表面或者锐边。

(5)在施工现场中,施工负责人主要负责组织安全网的支搭和拆除,严禁任意毁坏安全网。

(6)在使用安全网的过程中,严禁在网上乱扔杂物或者损坏网片。

(7)安装的时候,在每一个系结点上面,边绳要和支撑物(架)靠在一起,用一根独立的系绳连接起来,系结点沿着网边均匀分布,其距离不能超出 750mm。系结点要做到打结方便,连接牢固又易解开,受力后又不会散脱的原则。有筋绳的网在安装的时候,也要将筋绳连接到支撑物(架)上。

(8)多张网连接使用的时候,相邻部分要靠紧或者重叠,连接绳材料和网要相同,而且强度要不小于网绳的强力。

(9)安装平网的时候,要做到外高里低,以 15°为宜,网不能绑得太紧。

(10)装立网的时候,安装平面要和水平面垂直,立网底部必须与脚手架全部封严。

(11)要确保安全网受力一致。需要常常清扫落在网上的东西,网内不能有任何的积物。

(12)安全网安装以后,要通过专人查看验收确定合格并签字后才可以使用。

3.2.3 临边高处作业施工安全管理技术

1.临边高处作业的定义

在施工现场中,工作面边沿没有围护设施或者围护设施高度低于 80cm 时的高处作业,叫作临边高处作业。

施工现场出现临边作业,主要有以下几个方面:

(1)基坑周边。

(2)没有安装栏杆或者栏板的阳台、料台、挑平台周边。

(3)雨篷与挑檐边。

(4)无脚手的屋面与楼层周边。

(5)水箱与水塔周边。

2.临边高处作业的防护

(1)临边高处作业的时候,需要做好防护措施,且满足下面的规定:

①基坑周边,没有安装栏杆或者栏板的阳台、料台和挑平台周边,雨篷和挑檐边,无外脚手的屋面与楼层周边及水箱与水塔周边等处,均要搭设防护栏杆。

②头层墙高度超出 3.2m 的二层楼面周边,以及无外脚手的高度超出 3.2m 的楼层周边,要在外围架设安全平网一道。

③分层施工的楼梯口和楼段边,需要安装上临时护栏。顶层楼梯口要根据工程结构进度来装配正式防护栏杆。

④井架与施工用电梯和脚手架等与建筑物通道的两侧边,都要安装防护栏杆,地面通道上部要安装安全防护棚。双笼井架通道的中间,要进行分隔封闭。

⑤各种垂直运输接料平台,不仅要在其两侧安装防护栏杆,其平台口还要安装安全门或者活动防护栏杆。

(2)临边防护栏杆杆件的标准和连接需求,要满足如下条件:

①毛竹横杆小头有效直径不能低于 70mm,栏杆柱小头直径不能低于 80mm,而且要使用不小于 16 号的镀锌钢丝绑扎,不能少于 3 圈,且没有泻滑。

②原木横杆上杆梢径不能低于 70mm,下杆梢径不能低于 75mm。而且要使用合适长度的圆钉钉紧,或者使用大于 12 号的镀锌钢丝绑扎,要做到表面平顺和稳固。

③钢筋横杆上杆直径不能低于 16mm,下杆直径不能低于 14mm,栏杆柱直径也不能低于 18mm,利用电焊或者镀锌钢丝绑好并固定。

④钢管横杆和栏杆柱都使用的是 $\phi 48 \times (2.75 \sim 3.5)$mm 的管材,通过扣件或者电焊来稳固。

⑤使用其他的钢材比如角钢等来当作防护栏杆杆件时,要注意选择强度适合的,并且用电焊固定住。

(3)安装临边防护栏杆的时候,要满足下列需求:

①防护栏杆主要由上、下两道横杆以及栏杆柱构成,上杆离地高度有 1.0 ~ 1.2m,下杆离地高度有 0.5 ~ 0.6m,坡度大于 1:2.2 的屋面,防护栏杆高为 1.5m,并且加设安全立网。通过设计计算后,横杆长度在大于 2m 的时候,需要增加栏杆柱(见图 3-6)。

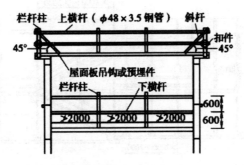

图 3-6　屋面、楼层临边防护栏杆(单位:mm)

②固定栏杆柱需要满足以下条件：

· 当在基坑四周都稳固的时候，可以将钢管打进50～70cm深的地面。钢管与边口的距离不能低于50cm。在基坑周围使用板桩时，钢管可以打在板桩的外侧。

· 当在混凝土楼面、屋面或者墙面上固定的时候，可以使用预埋件与钢管或者钢筋焊牢。使用竹、木栏杆时，可以在预埋件上焊接30cm长的L50×5角钢，在它的上下各钻一个孔，而后使用10mm螺栓将竹、木杆件拴牢。

· 当在砖或者砌体上固定时，可以提前将规格合适的80×6弯转扁钢当作预埋铁的混凝土块砌入，而后以上述办法将其固定住。

③栏杆柱的固定及其与横杆的连接，它整体的构造要令防护栏杆在上杆的任何地方都能够承受住所有方向的1000N的外力。当栏杆所在的位置出现人群拥挤、车辆冲击或者物件碰撞等情况的时候，要对横杆截面加大或者对柱距进行加密。

④防护栏杆需要自上而下使用安全立网封闭，或者在栏杆的下面使用紧密稳固的高度不小于18cm的挡脚板或者40cm的挡脚笆。挡脚板和挡脚笆上若是有孔眼，则不能超出25mm。板与笆下边离底面的空隙不能超出10mm。接料平台两侧的栏杆要自上而下的安设安全立网或者满扎竹笆。

⑤当临边的外侧对着街道的时候，除了防护栏杆之外，敞口立面需要采用满挂安全网或者其他稳当的措施来进行全封闭处理。

⑥建筑物楼层附近的防护头层高度大于3.2m的二层楼屋周边，还有脚手架的高大于3.2m的楼层附近，都要在其外周安装一道安全平网。楼梯、楼层和阳台临边防护栏杆设置如图3-7所示。

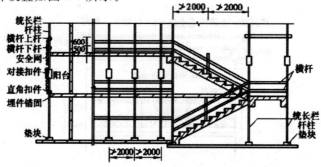

图3-7 楼梯、楼层和阳台临边防护栏杆设置（单位：mm）

3.2.4　洞口作业施工安全管理技术

1. 洞口作业的概念

洞与孔边口旁的高处作业,包含施工现场以及通道旁边深度在 2m 及 2m 以上的桩孔、入孔、沟槽与管道、孔洞等边沿上的作业称为洞口作业。

施工现场由于工程和工序上的需求会产生洞口,一般常见的"四口"有楼梯口、电梯井口、预留洞口、井架通道口。

2. 防护栏杆的设置场合

(1)各种板和墙的洞口,根据其大小和性质对盖板、防护栏杆、安全网或者其他防坠落的防护设施进行设置。

(2)电梯井口,可以按照详尽的情形设立防护栏或者固定栅门和工具式栅门;电梯井内每隔两层或者最多 10m 设立一道安全平网,还可根据当地习惯在井口设置固定的格栅或者使用砌筑坚固的矮墙等方法。

(3)钢管桩、钻孔桩等桩孔口,柱基、条基等上口,未填土的坑、槽口,以及天窗和化粪池等处,都可以当作洞口采用合适的防护举措。

(4)施工现场和场地通道周围的各类洞口,深度约为 2m 以上的敞口等地方,不仅要设立防护设施和安全标志,夜间还要加设红灯示警。

(5)物料提升机上料口要配置有连锁装置的安全门,还要使用断绳保护装置或者安全停靠装置;通道口走道板要与建筑物平行满铺并固定牢靠,两侧边要安装满足需求的防护栏杆和挡脚板,并且使用密目式安全网封闭两侧。

3. 洞口作业施工安全防护

洞口要按照具体情形来设置防护栏杆、加盖件、张挂安全网和装栅门等措施时,要满足下面的要求:

(1)楼板、屋面和平台等面上短边尺寸小于 250mm,但大于 25mm 的孔口,需要使用牢固的盖板覆盖,盖板不能移动。

(2)楼板面等处边长为 250～500mm 的洞口、安置预制构件的洞口，还有其他情况暂时出现的洞口，可以把竹、木等作盖板，盖上洞口，盖板要能够保持四周搁置平衡，且要把其位置给固定住。

(3)边长为 500～1500mm 的洞口，要配置用扣件连接钢管而形成的网格，并且在它的上面铺满脚手板。还可以使用能够贯穿混凝土的钢筋组成的防护网，钢筋网格之间的间距不能超出 200mm。

(4)边长在 1500mm 以上的洞口，四周装上防护栏杆，洞口下张挂安全平网。

(5)垃圾井道和烟道要依照楼层的砌筑或者安装来清除洞口，或者参考预留洞口进行防护；管道井动工的时候，要根据上面的需要来安装防护，同时也要增加设立显著的标志，如果出现临时性拆移，要得到施工负责人核准才能实行，工作结束后把防护设施恢复。

(6)在车辆行驶道附近的洞口、深沟和管道坑、槽，所增加的盖板要能够支撑住不小于当地额定卡车后轮的有效承载力 2 倍的荷载。

(7)墙面等处的竖向洞口，主要是落地的洞口都要安装开关式、工具式或者固定式的防护门，栅门网格的间隔不能超出 150mm，还可使用防护栏杆，下面安装挡脚板（笆）。

(8)下边沿至楼板或者地面小于 800mm 的窗台等竖向洞口，比如侧边落差超出 2m 的时候，就要增加约 1.2m 高的临时护栏。

(9)对附近的人和物有一定坠落危险性的其他竖向的孔、洞口，都要进行覆盖或者防护，并且要想办法令其位置固定。

(10)洞口防护设施要做好力学验算，并且该项计算也属于施工组织设计的范畴。

(11)洞口防护设施的构造方式主要有 3 种，即防护栏杆、防护网、防护门。

①洞口防护栏杆，一般使用的是钢管。

②应用混凝土楼板，使用钢筋防护网等。

③垂直方向的电梯井口与洞口，可以设置各种形式的防护门，比如木栏门、铁栅门等。

(12)"四口"防护措施

①楼梯口。焊接简易楼梯栏杆：可以使用直径 12mm、长 1200mm 的钢筋，并

将其呈垂直状态焊接在楼梯踏步的预埋件上,上端焊接和楼梯坡度相平行的钢筋,还可以设置预制楼梯扶手来做防护。

绑扎栏杆:在两段楼梯的缝隙中,两端各立一根站杆(接在楼梯顶部),沿着楼梯坡度绑扎高 1.2m 的水平杆,最顶部的梯头横头也要绑上栏杆。

因为某个原因,楼梯没有跟上施工的高度,导致这个部位出现了一个大孔洞,这个时候要在每一层都铺上一片大网,把空洞封锁严密。

②电梯井口。电梯门口防护可以使用直径 12mm 钢筋,按照电梯门口的尺寸来焊接单扇门或者双扇门,高度为 1.2m。把门焊接到墙板的钢筋上,通常可以一次性焊接固定,最好不要做活门。电梯井内每隔两层并且不超出 10m 要安装安全平网来防护。

③预留洞口。

· 通常 1m 见方以下预留洞口,可以使用直径 10mm 的钢筋来焊接钢筋网,并将其固定在预留口上面,网孔边长不能超出 200mm,最好在 80mm 左右,避免掉落物品;还可在上面铺满木方或者有标志的盖板来盖严。

· 比较大的预留洞口可以根据尺寸做防护围栏,高度为 1.2m。围栏的四周有登高作业时,可设置大网把下面的预留口给封紧。

· 一些特殊型的预留洞口可以使用脚手杆以及跳板把预留口封紧。

④通道口。

· 在主要的通道上设置防护棚。防护棚的材质和长度要满足所规定的需求,宽度要大于通道口的宽度,两侧则要使用封闭的方法。

· 通常通道口的下方可以设置大网,在大网上面铺上席子,在侧边安装上防护栏杆。

· 不频繁用到的通道口,可以用木杆封住,禁止人员随便进出。

3.2.5　悬空作业施工安全管理技术

施工现场中,在周边临空的状态下进行作业,高度在 2m 及 2m 以上的,就是悬空高处作业。悬空高处作业的法定定义为:"在无立足点或无牢靠立足点的条件下进行的高处作业统称为悬空高处作业"。因此,悬空作业没有立足点,需要恰当地建立牢固的立足点,比如搭设操作平台、脚手架或者吊篮等,才能开始施工。

悬空作业的另一个要求是,只要是作业用到的索具、脚手架、吊篮、吊笼、平台、塔架等都必须是通过鉴定的合格产品或者经技术部门鉴定合格以后,才能采用。

1. 吊装构件和安装管道时的悬空作业

吊装构件和安装管道时的悬空作业,需要遵循下面的安全规定:

(1)钢结构构件,要尽可能在地面上进行组装,在构件起吊安装就位以后,有一些工序比如临时固定电焊、高强螺栓连接仍然要在高处作业,这就需要建设相关的安全设施,比如搭设操作平台,或者佩戴安全带和张挂安全网。

高空吊装预应力钢筋混凝土屋架、桁架等大型构件之前,也要安装好悬空作业中需要的安全设施。

(2)分层分片吊装第一块预制构件,吊装单独的大、中型预制构件,以及悬空安装大模板等,需要在平台上进行操作。吊装中的预制构件、大模板以及石棉水泥板等屋面板上,禁止站人和行走。

(3)安装管道时,要把已经完成的结构或者操作平台当作立足点。禁止在未安装完成的管道上站人和行走。

2. 支撑和拆卸模板时的悬空作业

支撑和拆卸模板时的悬空作业,需要满足下面的要求:

(1)支撑和拆卸模板时,需要根据所规定的作业程序来进行。前一道工序所支的模板没有固定之前,不能进行下一道工序。禁止在连接件和支撑件上攀登上下,并且也禁止在上下同一垂直面上装卸模板。对于结构非常复杂的模板,它的装、拆要根据施工组织设计的方案来进行。

(2)柱模板的支设高度一般在3m以上,其四周可设置斜撑,且可以搭设操作平台。低于3m的可以使用马凳来进行操作。

(3)当模板的支设为悬挑状态的时候,要保证有非常稳定的立足点。当模板的支设凌空构筑物的时候,可以搭设支架或者脚手架。模板上有预留洞,要在安装以后把洞口盖好。混凝土板上拆模以后所形成的临边或者洞口,要根据相关的举措进行防护。

(4)拆模高处作业,可以配置上登高用具或者搭设支架。

3. 绑扎钢筋时的悬空作业

绑扎钢筋时的悬空作业,需要遵循下面的安全规定:

(1)绑扎钢筋和安装钢筋骨架时,要把需要用到的脚手架和马道搭设好。

(2)绑扎圈梁、挑梁、挑檐、外墙和边柱等钢筋,要把操作台搭设好,并架并张挂安全网。绑扎悬空大梁钢筋需要在支架、脚手架或者操作平台上进行。

(3)绑扎支柱和墙体钢筋,不能站在钢筋骨架上或者攀登骨架上下。3m 以内的柱钢筋,可以在地面或者楼面上提前绑扎,而后全都竖立。绑扎 3m 以上的柱钢筋,需要进行搭设操作平台操作。

(4)高空或者深坑绑扎以及安装钢筋骨架时,需要搭设脚手架和马道。

4. 浇筑混凝土时的悬空作业

浇筑混凝土时的悬空作业,需要满足下面的安全规定:

(1)浇筑距离地面 2m 以上的框架、过梁、雨篷和小平台等,要搭设操作平台,不能站在模板或者支撑件上操作。

(2)浇筑拱形的结构,要从两边拱脚,对称地相向进行。浇筑储仓,下口要先行封闭,并且搭设脚手架来避免人员坠落。

(3)在特殊情况下进行浇筑,如果没有安全设施,需要挂好安全带,并且扣好保险钩或者搭设安全网。

5. 进行预应力张拉的悬空作业

作预应力张拉的悬空作业时,需要遵循下面的安全规定:

(1)在作预应力张拉时,要搭设站立操作人员和搭设张拉设置用的稳定靠谱的脚手架或者操作平台。雨天张拉的时候,要搭设防雨篷。

(2)预应力张拉区域要有特别突出的安全标识,严禁非操作人员进出。张拉钢筋的两端需要搭设挡板,挡板通常要距离张拉钢筋的端部 1.5～2m,并且要比最上一组张拉钢筋高出 0.5m,它的宽度要距离张拉钢筋左右两个外侧各不低于1m。

(3)孔道灌浆要根据预应力张拉安全设施的相关规定来进行。

6.门窗工程中的悬空作业,必须遵守的安全规定

门窗工程中的悬空作业,需要遵循下面的安全规定:

(1)安装油漆门、窗以及玻璃时,禁止操作人员站在橙子或者阳台栏板上操作。门、窗在固定的时候,封填材料没有达到一定强度,以及电焊时,禁止手拉门、窗或者进行攀登。

(2)高处外墙安装门、窗,没有外脚手架时,要张挂安全网。没有安全网时,操作人员要系好安全带,其保险钩要挂在操作人员上方稳当的物体上。

(3)在进行各项窗口作业的时候,操作人员的重心要在室内,不能站立在窗台上,必要时可以挂上安全带操作。

3.3 施工机械安全管理技术

3.3.1 施工机械安全管理的一般规定

机械设备要根据其技术性能的需求正确操作,缺乏安全装置或者安全装置已经无效的机械设备不能使用。禁止拆除机械设备上面的自动控制机构、力矩限位器等安全装置,也就是监测、指示、仪表、警报器等自动报警、信号装置。机械设备的调试和故障排除需要由专业人士进行操作。施工机械的电气设备需要专职电工来做维护和检修。电工检修电气设备的时候禁止带电作业,需要将电源切断,并悬挂"有人工作,禁止合闸"的警告牌。新购或者经过大修、改装和拆卸以后重新安装的机械设备,需要根据原厂说明书的要求和《建筑机械技术试验规程》(JGJ 34)的规定来进行测试以及试运转。新机(进口机械根据原厂规定)和大修后的机械设备要执行《建筑机械走合期使用规定》。机械设备的冬季使用,要执行《建筑机械冬季

使用的有关规定》。在运行和运转中的机械禁止进行维修、保养或者调整等作业。机械设备要按时作保养,一旦出现漏保、失修或者超载带病运转的情况,有关部门要停止其使用。机械设备的操作人员要经专业培训考试合格,得到有关部门颁发的操作证之后,才可以独立操作。机械作业的时候,操作人员不能随意离开工作岗位或者把机械交给非本机操作人员操作。禁止无关人员进入作业区和操作室内。操作人员在工作的时候,思想要集中,禁止酒后操作。只要是违背相关操作规程的命令,操作人员均有权利拒绝执行。如果发令人强制违章作业而导致事故者,要追究发令人的责任,而后追究其刑事责任。机械操作人员和配合人员要根据相关规定穿戴好劳动保护用品,长发不能外露,高空作业时要穿戴安全带,不能穿硬底鞋和拖鞋,禁止从高处往下投掷物体。进行日作业两班及以上的机械设备需要施行交接班制。操作人员要对交接班记录认真填写。机械进入作业地点以后,施工技术人员要对机械操作人员进行施工任务以及安全技术措施交底。操作人员要对作业环境和施工条件有所了解,听从指挥并遵循现场的安全规则。现场施工负责人要为机械作业供给道路、水电、临时机棚或者停机场地等所需的条件,并且将对机械作业有一定影响或者危险的因素给处理掉,夜间作业需要设置足够的照明。在威胁机械安全和人身健康场所作业时,机械设备要做好必要的安全措施。操作人员要准备好适用的安全防护用品,并且贯彻执行《中华人民共和国环境保护法》。当使用机械设备和安全产生冲突的时候,要遵守安全的要求。当机械设备发生事故或者恶性事故未发生的时候,要马上进行抢救,保护好现场,并且马上向领导和有关部门汇报,听候处理。对于事故,企业领导要遵循“三不放过”的原则来进行处置。

3.3.2　塔式起重机安全管理技术

塔式起重机也被称作塔吊或者塔机。它由于回转半径大、起升高度高、操作简便等特性被普遍应用在建筑施工工程上,尤其是高层建筑的施工上。

1.塔式起重机的安全装置

为保证塔机的安全作业,避免意外事故发生,塔机需要配置各类安全保护装置。

(1)起重力矩限制器

起重力矩限制器的作用是避免塔机超载的安全装置,避免塔机因为严重超载而导致塔机倾覆或者折臂等恶性事故。力矩限制器主要有 3 种,分别为机械式、电子式和复合式,大部分使用的是机械电子连锁式的结构。

(2)起重量限制器

起重量限制器(也称超载限位)是用来避免塔机的吊物重量超出最大额定荷载,防止出现机械损坏事故,当吊重大于额定起重量的时候,它就能自动切断提升机构的电源或者发生警报。

(3)起重高度限制器

起重高度限制器是用来制约吊钩接触到起重臂头部或者载重小车之前,或者是降低到最低点(地面或者地面以下若干米)之前,使起升机构自动断电并且停止工作。起升高度限制器通常安装在起重臂的头部。

(4)幅度限制器

动臂式塔机的幅度限制器是用来预防臂架在变幅达到极限位置时切断变幅机构的电源,令其停止工作,另外还有机械止挡,用来避免臂架因为起幅中的惯性而后翻。小车运行变幅式塔机的幅度限制器是用来避免运行小车超出最大和最小幅度的两个极限位置。通常来讲,小车变幅限位器是安在臂架小车运行轨道的前后两端,用行程开关起到控制的作用。

(5)塔机行走限制器

行走式塔机的轨道两端尽头设置的止挡缓冲装置,通过装置在台车架上或者底架上的行程开关碰撞到轨道两端前的挡块切断电源完成塔机停止和行走,避免脱轨所引发塔机倾覆事故的发生。

(6)吊钩保险装置

吊钩保险装置是为了避免在吊钩上的吊索由钩头上自动脱落的保险装置,通常用到机械卡环式,用弹簧来把挡板控制住,阻挡吊索滑钩。

(7)钢丝绳防脱槽装置

此装置是用来预防钢丝绳在传动过程中脱离滑轮槽而导致的钢丝绳卡死与

损伤。

（8）夹轨钳

夹轨钳安装在台车金属结构上面，用来夹紧钢轨，避免塔机在大风的时候被风吹动而行走导致塔机出轨倾翻事故的发生。

（9）回转限制器

一些回转的塔机上装配有回转不能超出 270°和 360°的限制器，其目的是为了避免电源线扭断而导致事故发生。

（10）风速仪

风速仪可以自动记录风速，一旦风速超出 6 级以上，就会自动报警，令操作人员可以立刻做好预防措施，比如停止作业、放下吊物等等。

（11）电器控制中的零位保护和紧急安全开关

零位保护指的是塔机控制开关和主令控制器连锁，当全部操纵杆位于零位的时候，开关才能够连通，避免无意操作。紧急安全开关指的是一种可以马上切断所有电源的安全装置。

2. 塔式起重机的安装管理

（1）塔式起重机安装前的准备工作

①设立由指挥人、起重工、安装工、电工、司机等人员构成的作业小组，小组成员需要通过专业培训获得上岗操作证。组织指挥安装人员了解所安装的塔式起重机的知识，熟悉塔式起重机的安装顺序和特殊需求，并作好技术交底。

②清楚现场布局，清扫周围障碍物，并明确和划分出作业区，且和外界要有显著的安装隔离，确保在安装时期内能够正常进行作业。

③按照现场的条件挑选出一台合适的辅助起重机械，并且和起重机械司机作交底，讲明安装的方法以及顺序。

④供电情况要非常好，确保能够有充足的供电容量。

（2）塔式起重机安装注意事项

①了解塔式起重机的供电方式是三相五线或者是三相四线的，所遥测接地的电阻是否满足其要求。

②塔式起重机在回转半径之外 6～10m 范围内不能出现高低压线路(低压6m,高压 10m)。

③在安装的时候,部件在连通电源之前或者将装配完成的整机各个部件连通电源之前,要对各部位对地的绝缘电阻测试一下。电动机绝缘电阻不能小于0.5MΩ,而导线之间、导线和地之间的绝缘电阻不能低于 1MΩ。

④起吊部件的时候,重点要看吊点的选取。按照吊装部件的长短,可以选择长度适当、质量稳当的吊具,通过起重臂长度将配重的数量精准地明确出来。在装配起重臂之前,要按照不同型号塔式起重机的需求,先在平衡臂上配置一块或者两块(型号不同、数量不同)平衡配重块,但是禁止超出这个数量。

⑤标准节的装配禁止随意互换方位。

⑥刮风、下雨、风速超出 13m/s 的时候,禁止加节;加(减)标准节时要注意做好上部配重的平衡。

⑦顶升流程当中,禁止旋转起重臂、开动小车或者吊钩上下运动。

⑧塔吊顶升套架的升降要保证平稳、安全稳当,导轮和导轨的径向间隙为2～5mm。

⑨标准节连接要用到高强度螺栓和螺母,其强度等级为 10.9 级,并且使用厚度一样的双螺母固定或放松。拧紧螺栓的时候,可以在螺栓的螺纹和螺母的端面涂抹润滑油,而后使用专门的扳手将其对称、均匀、多次拧紧,最后一遍拧紧的时候,每个螺栓上面的预紧扭矩要大体上均匀,螺栓上达到的预紧扭矩为2000N・m。

⑩标准节梯子上的第一个休息平台要设置在不超出 10m 的高度处,在这之后每隔 6～8m 要设置一个。

(3)塔式起重机的安装

①塔式起重机出厂的时候,顶升套架已经构成了一个群体,主要含有套件、两个标准节、底座节、前后顶升滚轮、顶升油缸、横梁等部件。安装的时候,要先把套架总成吊至底盘上(要注意标准节的引进方向),用 16 套 M30×130 螺栓将套架内底座节和底盘连接好;而后安装好爬升平台;还要把液压站吊至爬升平台的油缸侧。

②回转机构、下支座和上支座等在出厂的时候已经构成了一个总成。在安装的时候，要把回转过渡节总成吊在顶升套架的特殊节上面，使用 8 套 M33×315 高强度螺栓连接好。

③塔帽总成安装。把塔帽总成吊在回转上支座上面，使用 4 个 55×150 销轴将塔帽和回转上支座连接起来，穿上开口销。在吊装之前，要把平衡臂的两根拉杆装在塔帽上面。

④安装平衡臂。把起升机组装在平衡臂上面，而后将平衡臂的拉杆稳定在平衡臂上面。

⑤吊索挂在平衡臂的吊耳处，试吊平稳后，把平衡臂吊在回转上支座平衡臂侧斜槽孔处挂好，卡好止动器，并插入销轴，稳定好螺母；把平衡臂栏杆和塔帽连接起来，并穿上弹簧销。

⑥根据起重机的型号，把平衡配重块安装上。装配起重臂，安装小车，安装起重臂栏杆。

⑦起重臂吊索栓平衡之后，把起重臂吊到回转上支座起重臂侧斜槽孔处挂好，卡好止动器，插上销轴，固定好螺母。

⑧将钢丝绳穿好，由尾端开始放入剩下的平衡配重块。

⑨电气接线安装。起重机安装完成，试运转正常后，顶升标准节。

⑩起重机所有附件的装配完毕；调节各保护装置，做到正确、灵敏、可靠。

⑪附着装置安装要求。塔式起重机的安装方案要按照不同厂家的起重机附着装置设置准则进行编制。通常状况下，附着装置的设计是与整体现浇混凝土框架、剪力墙结构的建筑物相吻合的，如果建筑物是砖混结构的，那么要进行特殊设计。附着装置主要由 4 根水平布置的撑杆和 1 副套在标准节上的主弦杆的附着架构成。4 根撑杆要安排在同一个水平面内；撑杆和建筑物的连接形式要按照具体的情形来决定；连接处的预埋铁件要通过计算才能够把钢板的厚度、锚固钢筋直径、锚固长度和安装部位确定下来。装配附着装置的套数要根据不同厂家的需求由起升高度来确定。每道附着装置安装以后，塔身悬高会根据不同厂家的需求允许值来确定。在实际的施工中，按照工期的需求，可以降低第一道安装高度，也可以在厂家需求下的两道中间再增添一道，来当作暂时替代来使用。例如，某个建筑物根

据厂家的需求要在第 8 层安装一道附着装置,但是起到第 6 层或者第 7 层的时候,因为钢筋或者脚手架升高等情况,导致起重机的旋转和变幅的正常运转遭到影响,此时就要临时加入附着装置;等到施工超出第 8 层的时候,根据规定安装一道附着装置,而后把临时安装的附着装置移到下一个安装的部位。

3. 塔式起重机的使用管理

(1)塔吊司机属于特种作业人员,需要经过专业培训,来获得操作证。司机学习的塔形要和实际控制的塔形保持一致。禁止没有操作证的人员操作起重机。

(2)指挥人员需要通过专门的培训来获得指挥证。禁止无证人员指挥。

(3)高塔作业要根据现场的实际情况使用旗语或者对讲机进行指挥。

(4)起重机电缆禁止拖地行走,要安装具有张紧装置的电缆卷筒,并且设置灵敏、可靠的卷线器。

(5)旋转臂架式起重机的所有部位和被吊物边缘与 10kV 以下架空线路边线的最小距离不能小于 2m;塔式起重机活动范围要避开高压供电线路,相距不能小于 6m。在起重机和架空线路间小于安全距离的时候,需要采用防护措施,并且悬挂显眼的警告标志牌。夜间施工的时候,要装上 36V 彩色灯泡(或者红色灯泡)警示;在起重机作业半径在架空线路上方经过的时候,线路的上方也要有防护措施。

(6)起重机轨道要做好接地、接零保护。起重机的重复接地要在轨道的两端各设一组,对较长的轨道,每隔 30m 再加一组接地装置。同时两条轨道之间需要用钢筋或者扁铁等来做环形电气连接,轨道的接头处要使用导线跨接形成电气连接。起重机的保护接零和接地线要分开。

(7)两台或者两台以上起重机靠近作业的时候,要保障两机之间的最小防碰安全距离:

①移动起重机所有部位(包括起吊的重物)之间的距离不能小于 5m。

②两台水平臂架起重机臂架间的高差不小于 6m。

③所有情况下,处于高位的起重机(吊钩升到最高点)和处于低位的起重机之间,其垂直方向的距离不能小于 2m。

(8)在受到施工场地作业条件的制约,无法完成起重机作业安全管理的要求

时,可以采用以下两种措施:

①组织措施。对塔吊作业及行走路线作规定,由专门的监护人员进行监督执行。

②技术措施。采用设置限位装置、缩短臂杆、升高(下降)塔身等措施,避免误操作起重机而导致超出规定的范围,发生碰撞事故。

(9)起重机的塔身不能悬挂标语牌。

(10)塔式起重机司机要非常严格地实行操作规程,在上班之前例行保养、检查,若发现安全装置不灵敏或者失效的情况,要对其进行整改,满足安全使用的要求后才能作业。

4.塔式起重机的拆除管理

(1)拆除起重机的时候要用到一台辅助吊车,拆除作业将由专业人员进行。

(2)拆除作业要遵循安全规则,根据拆除的顺序来进行,避免事故的发生。

(3)拆除起重机的某些构件(比如起重臂、平衡臂)的时候,要注意避免起重机的剩余部分失去平衡,导致倾倒事故。

(4)要把起重臂转到套架开口的一侧,并且保障周围没有阻碍到拆塔操作的障碍;拆塔的时候,风力要小于 13m/s。

(5)塔身降落要遵循升塔时的操作规程,跟升塔不一样的是顶升油缸和收缩油缸、拆卸标准节螺栓等。

(6)把平衡配重部分拆卸下来,要临时保留两块(指 QTZ5013)平衡配重。

(7)拆掉钢丝绳的时候,要先把吊钩降到地面,拿下起重臂尖的起升钢丝绳卡,把起升钢丝绳绕在卷筒上面;而后,把起重小车开到之前安装平衡起重的位置并固定住,放开变幅钢丝绳和小车之间的连接,把变幅钢丝绳缠绕在变幅卷筒上面;最后再拆除变幅机构电缆和其他电缆。拆绳的时候,要认真查看钢丝绳的全部长度。

(8)拆除起重臂的时候,要按照安装起重臂时的吊装点,用辅助吊车把起重臂吊起来并使之上翘,而后拆除掉起重臂拉杆。拉杆被拆除以后,把起重臂下放到水平位置,拆除起重臂与回转上支座的连接销轴和卡板,而后吊至地面。

(9)拆除平衡臂的时候,要先拆掉余下的两块平衡配重,拆掉电气柜和驾驶室连接的电缆,绕好钢丝绳,把平衡臂吊起来(吊装点和安装时是相同的)上翘,拆掉平衡杆后,再把平衡臂放水平,拆掉平衡臂与回转上支座的连接轴和卡板,然后将平衡臂吊至地面。

(10)依次拆除驾驶室、塔帽、回转支座总成、顶升套架总成、液压管路、顶升平台及栏杆,拆除底座节与底盘连接螺栓后,将套架吊离底盘,拆除地脚螺栓后,将底盘吊离基础。

3.3.3　物料提升机安全管理技术

物料提升机,也叫作井架(龙门架),是建筑施工场地经常用到的一种输送物料的垂直运输设备。它把卷扬机当作动力,把底架、立柱以及天梁当作架体,把钢丝绳当作传动,吊笼(吊篮)当作工作装置。在架体上安装滑轮、导轨、导靴、吊笼、安全装置等和卷扬机配套组成完整的垂直运输体系。

1. 物料提升机的类型

物料提升机通常用在民用建筑上,一般有井字架式(井架、竖井架)、门架式(门架、龙门架)和自立架式 3 种形式。

(1)井字架式

井字架式物料提升机的提升导轨架截面为方形,是由钢管、型钢焊接成的标准节组合在一起的,还有一些是用搭接(扣件式、螺栓连接)整体架设的形式组合在一起的。井字架式物料提升机的特性非常稳定,运输量非常大,能够搭设较大高度,并且还会随着建筑物的升高而接高。近几年来,井字架式物料提升机有了新的进展,不仅能够设置内吊盘,还可以在井架两侧增加一个或者两个外吊盘,能分别使用两台或者三台卷扬机驱动并运行。这样,使得运输量大大增加,使得使用效率有了非常大的提升。

(2)门架式

门架式物料提升机的提升导轨架是由两组组合式结构架或者两根钢管立杆利用上横梁和下横梁的连接而组装在一起的。组合式结构架是钢管、型钢或者圆钢等互相焊接而成的,组合式结构架的截面形式有方形、三角形两种。门架式物料提升机的主要特性为结构简单,制作容易、装拆方便,对中小民用建筑工程来说比较适合,但是其刚度稳定性不好,通常是一次达高架设(整体架设),用缆风绳固定。

(3)自立架式

自立架式物料提升机的提升导轨架具体为钢管和型钢焊接而成的三角形结构形式,它的截面尺寸较小,吊盘在导轨架外侧运行。自立架式物料提升机的特征主要为能够自动立起或者放倒不设缆风绳,底架可以安装轮胎,且转移场地非常方便,但是起升高度通常不会大于 25cm,起重量比较低。

物料提升机的提升导轨架多数是由标准节组成的,标准节长度为 $1.5\sim 6m$ 左右,标准节的连接几乎都使用的是销轴和法兰盘形式,顶节上固定有横梁,横梁上装有导向滑轮。底节上多数布置有底梁,底梁和基础主要是由地脚螺栓固定的。

大部分物料提升机把导轨架的主弦杆当作吊盘的导轨,导轨按照截面来看有 2 根和 4 根的区分。有的简易升降机在导轨架上特意安置导轨,它的特点是在不磨损主弦杆的情况下,确保导轨架的强度不会遭到损坏。

物料提升机通常仅适用单卷筒快速卷扬机,钢丝绳的提升力为 $10\sim 50kN$ 左右。

物料提升机的吊盘主要是由型钢组焊而成的,通常是由底盘架、横梁竖拉杆、斜拉杆、横拉杆、角撑等部分构成的。底盘架上有铺板,侧面有搁棚,前后则有进料和出料翻板门;竖拉杆上布置有导轮,横梁上装有吊盘断绳保护装置。

2.物料提升机的安全保护装置

物料提升机的安全保护装置具体包含:安全停靠装置、断绳保护装置、载重量限制装置、上极限限位器、下极限限位器、吊笼安全门、缓冲器和通信信号装置等(《龙门架及井架》GJ88—2010)。

(1)安全停靠装置

当吊笼停靠在某一层的时候,能够令吊笼稳当支靠在架体上的装置。避免由于钢丝绳忽然断裂或者卷扬机抱闸失灵时吊笼坠落。其装置有制动和手动两种,在吊笼运行到位以后,通过弹簧操控或者人工搬运,令支撑杆伸到架体的承托架上面,其荷载均由承托架承担,钢丝绳不受力。当吊笼装载 125％ 额定载重量,运行至各楼层位置装卸载荷时,停靠装置要能够把吊笼准确定位。

(2)断绳保护装置

吊笼装载额定载重量,悬挂或者运行中突然出现断绳的情况时,断绳保护装置要非常稳固地将吊笼刹制在导轨上面,最大制动滑落的距离不大于 1m,且不会对结构件产生永久性损坏。

(3)载重量限制装置

提升机吊笼内载荷为额定载重量的 90% 的时候,会发出报警信号。到额定载重量的 10%～11% 的时候,要及时切断提升机的工作电源。

(4)上极限限位器

上极限限位器要安置在吊笼容许提升的最高工作位置,吊笼的越程(指从吊笼的最高位置到天梁最低处的距离)要不小于 3m。在吊笼上升到达所限定的高度的时候,限位器就要及时切断电源。

(5)下极限限位器

下极限限位器吊笼在碰到缓冲装置之前的动作,当吊笼下降至下限位时,限位器应自动切断电源,令吊笼停止下降。

(6)吊笼安全门

吊笼的上料口处要安装安全门,安全门建议使用连锁开启装置。安全门联锁开启装置可以用电气连锁:若安全门没有关,会导致断电,提升机无法工作;还可用机械连锁:吊笼上行时间安全门会自动关闭。

(7)缓冲器

缓冲器要安装在架体的底坑内,当吊笼通过额定荷载和规定的速度作用到缓冲器上时,可以承受一定的冲击力。缓冲器的样式可以使用弹簧或者弹性实体。

(8)通信信号装置

信号装置是由司机操控的一种音响装置,其音量可以令各个楼层操纵提升机来装卸物料的人员能够清楚地听到。在司机无法清晰地看到操作者和信号指挥人员的时候,就需要安装通信装置。要确保通信装置是一个闭路的双向电气通信系统,这样司机和作业人员就可以互相联络。

3. 物料安装机的安装与拆卸管理技术

(1)安装前准备工作

①通过施工现场工作条件和设备的具体情况来安排并设计架体的安装方案。

②提升机作业人员要有证书才能工作,作业人员要按照方案来做安全技术上的交底,确定指挥人员以及讯号。

③划出一定的安全警戒范围,并明确监护人员,非工作人员禁止到警戒区内。

④提升机架体和实际安装高度要在设计所规定的最大高度范围内,且要做好下面的检查:

· 金属结构的成套性和完好性。

· 提升机构是否完整良好。

· 电气设备是否周全稳当。

· 基础位置和做法是否在要求范围之内。

· 地锚位置、附墙架(连墙杆)连接埋件的位置是否精准,埋设是否可靠。

· 提升机周围环境条件有无影响作业安全的因素。特别是缆风绳是否跨越或者接近外电线路以及其他架空输电线路。必须接近时,要确保是最小安全距离(见表 3-2),并且要做好一定的安全防护措施。

表 3-2　缆风绳距外电线路最小安全距离

外电线路电压(kV)	<1	1～10	35～110	154～220	330～500
最小安全距离(m)	4	6	8	10	15

(2)架体安装

①安装架体的时候,要首先把地梁和基础连接稳固。每安装两个标准节(通常不会超出 8m)时,可以通过使用临时支撑或者临时缆风绳来稳定,而后做初步的校正,一经确定稳固之后,就可以继续作业。

②安装龙门架的时候,两边立柱要交替进行,每安装两节,除了要把单支柱进行临时固定以外,要把两立柱横向连接成一体。

③装配摇臂把杆,要满足下面的要求:

· 把杆不能安装在架体的自由端。

· 把杆底座要比工作面高,其顶部不能高出架体。

· 把杆和水平面夹角为 45°~70°,转向的时候不能碰到缆风绳。

· 把杆要安装保险钢丝绳。起重吊钩可以使用满足相关规定的吊具并设定吊钩上极限限位装置。

④架体安装完成之后,企业要安排相关职能部门和人员针对提升机实行试验和验收,检查验收合格之后,就能够交付使用,并且挂上验收合格的牌子。

(3)卷扬机安装

①卷扬机要在平整坚实的位置上安装,最好不要靠近危险作业区,要有非常好的视野。由于施工条件有一定的限制,卷扬机安装的位置在离施工作业区非常近的时候,其操作棚的顶部要根据防护棚的规格来架设。

②固定卷扬机的锚桩要非常稳固牢靠,锚桩是不能用树木、电杆来代替的。

③钢丝绳处于卷筒中间位置的时候,架体底部的导向滑轮要跟卷筒轴心相垂直,也可以安装辅助导向滑轮,用地锚、钢丝绳拴牢。

④提升机的钢丝绳在运行的时候要架起来,这样就能使它远离地面和被水浸泡。必须穿过主要干道的时候,要挖出沟槽并且加设保护措施,禁止在钢丝绳穿行的区域堆放物料。

(4)架体拆除

①拆除前检查主要有:

· 检查提升机和建筑的连接状况,尤其是有没有和脚手架连接的现象。

· 检查提升机架体有无其他其牵拉物。

· 临时缆风绳及地锚的设置情况。

· 架体或地梁与基础的连接情况。

②在拆除缆风绳或者附墙架之前,要先把临时缆风绳或者支撑设置上,保证架体自由高度不能大于两个标准节(通常不大于 8m)。

③在拆除作业中禁止从高处往下抛掷物件。

④拆除作业适合在白天进行;夜间需要作业的时候,要准备良好的照明。因为

事故而暂停作业时,要采用临时稳固措施。

4.物料提升机安全使用管理技术

(1)物料提升机要有相应的产品标牌,标出额定起重量、最大提升速度、最大架设高度、制造单位、产品编号及出厂日期。

(2)物料提升机安装以后,要经过主管部门安排相关人员根据规范和设计的需要来查看验收,一经确定合格,就可以发放使用证,并交付使用。

(3)物料提升机要由获得特殊作业操作证的人员进行操作。

(4)在安装、拆卸及使用提升机的过程中所设置的临时缆风绳,其材料为钢丝绳,禁止用铅丝、钢筋、麻绳等代替。

(5)禁止人员攀登、穿越提升机架体和乘坐吊篮上下。

(6)物料在吊篮内要均匀分布,不能超出吊篮。禁止超载使用。

(7)设定灵敏的联系信号装置,司机在通信联络信号不明的时候不能开机。作业中任何人发出的紧急停车信号,都要马上去执行。

(8)当出现防坠安全器制停吊篮的状况后,要立即查清制停的原因,排出故障,并且要对吊笼、导轨架以及钢丝绳进行检查,经确认无误后,重新调节防坠安全器并运行。

(9)物料提升机处于工作状态的时候,不能对其做保养、维修、排除故障等工作;如果必须要进行,要切断电源并且在显眼的地方挂上"有人检修、禁止合闸"的标志牌,必要的时候要令专人负责看管。

(10)当作业结束的时候,司机要降下吊篮,切断电源,并将控制电箱门锁好,避免其他无证人员私自发动提升机。

(11)物料提升机夜间施工要有充足的照明,照明的用电要与现行行业标准《施工现场临时用电安全技术规范》相符。

(12)当碰到大雨、大雾、风速 12m/s 及以上大风等恶劣天气的时候,要禁止运行。

3.3.4 施工升降机安全管理技术

建筑施工升降机(用电梯、施工电梯,附壁式升降机)是一种可以用工作笼(吊笼)沿导轨架作垂直(或者倾斜)运动来运送人员和物料的机械。

施工升降机会按照所需要的高度在施工现场进行安装,通常架设可以达到10m,层建筑施工的时候可以达到20m。施工升降机可以利用本身安装在顶部的电动电杆来进行组装,也可以使用施工现场的塔吊等起重设备进行安装。除此之外,由于梯笼和平衡重的对称布置,因此倾覆力矩很小,力矩又可以通过附壁和建筑结构牢固连接(不需要缆风绳),所以受力合理稳定。施工升降机为了保障使用的安全,其自身设定了必要的安全装置,这些装置要维持良好的状态,预防意外事故的发生。基于施工升降机结构稳固,拆装容易,不用另设机房的特点,它被普遍使用在工、民用高层建筑施工、桥梁、矿井、水塔的高层物料和人员的垂直运输等方面。

1.施工升降机安全保护装置

(1)防坠安全器

它是升降机重要的安全装置,能够对梯笼的运转速度有一定的制约,避免坠落。安全器能够确保升降机吊笼在出现不正常超速运行的时候能立刻动作,把吊笼制停。防坠安全器是一种限速制停装置,要采用渐进式安全器。钢丝绳施工升降机的额定提升速度不能超出 0.63m/s 时,可以用瞬时式安全器。但是人货两用型仍然要使用速度触发型防坠安全器。

防坠安全器的工作原理为:当吊笼随着导轨架上、下移动的时候,齿轮沿着齿条滚动。当吊笼按照额定速度工作的时候,齿轮带动传动轴及其上的离心块空转。若驱动装置的传动件损坏,吊笼会失去管制并随着导轨架快速下滑(当有配重且配重大于吊笼一侧荷载的时候,吊笼在配重的作用下,不断上升)。吊笼的速度不断提高,防坠安全器齿轮的转速也会不断增加。在转速增加到防坠安全器的工作转速的时候,离心块在离心力和重力的作用下,和制动轮的内表面上的凸齿相啮合,并且推动制动轮转动。制动轮尾部的螺杆令螺母随着螺杆做轴向移动,进一步紧缩碟形弹簧组,逐渐增加制动轮和制动毂之间的制动力矩,直到把工作笼制动在导轨架上。在防坠安全器左端的下表面上,安装有行程开关。当导板往右移动一定的距离时,和行程开关接头接触,并且把驱动电动机的电源切断。

防坠安全器动作之后,吊笼禁止运行。当故障排除以后,方可运行。

(2)缓冲弹簧

底架上有缓冲弹簧,其作用是当吊笼出现坠落事故的时候,能够减缓吊笼的冲击。

(3)上、下限位开关

为了避免吊笼上、下的时候超出需停位,操作和电气故障等原因持续上升或者下降引发事故而设置。上、下限位开关为自动复位型,上限位开关的安装位置要确保吊笼触发限位开关以后,所保留的上部安全距离不会小于 1.8m,和上极限开关的越程距离为 0。

(4)上、下极限开关

上、下极限开关是在上、下限位开关一旦不起作用,吊笼继续上行或者下降到设计规定的最高极限或者最低极限位置的时候能马上切断电源,确保吊笼安全。极限开关为非自动复位,手动复位才能令吊笼重新启动。

(5)安全钩

安全钩是为了避免吊笼达到预先设定的位置,上限位器和上极限限位器因为各种原因无法及时动作、吊笼继续向上运行,将引发吊笼冲击导轨架顶部而发生倾翻坠落事故而设置的。安全钩是设置在吊笼上部的最后一道安全装置,安全钩安装在传动系统齿轮和安全器齿轮之间,当传动系统齿轮脱离齿条之后,安全钩能起到避免吊笼脱离导轨架的作用。它能令吊笼上行到导轨架顶部的时候,安全钩钩住导轨架,确保吊笼不会发生倾翻坠落事故。

(6)吊笼门、底笼门联锁装置

施工升降机的吊笼门、底笼门均装有电气连锁开关,它们能够避免因吊笼或者底笼门未关闭就启动运行而导致人员坠落和物料滚落,只有当吊笼门和底笼门彻底关闭的时候,才能启动运行。

(7)急停开关

吊笼在运行过程中出现的各种原因的紧急情况,司机要赶紧按急停开关,令吊笼暂停,避免事故的发生。急停开关是非自行复位的电气安全装置。

（8）楼层通道门

施工升降机和各楼层都搭建了运料和人员进出的通道，在通道口和升降机结合的部位需要设置楼层通道门。此门当吊笼上下运行的时候是一直关闭的，只有当吊笼停靠的时候才能让吊笼内的人将其打开。要保证楼层内的人不能打开此门，保障通道口在封闭的条件下不出现危险的边缘。

2.施工升降机的安装与拆卸管理技术

（1）安装前的准备工作

施工升降机在安装和拆除之前，需要进行编制专项施工方案，需要有相应资质的队伍来施行。在安装施工升降机之前要作几项准备工作，具体内容如下：

①需要有熟知施工升降机产品的钳工、电工等作业人员，有操作技术和排除常见故障的能力，熟悉升降机的安装工作。

②对全部随机技术文件认真阅读。阅读技术文件，对升降机的型号、数尺寸有一定程度的了解，弄清楚安装平面布置图、电气安装接线图，并且在这些基础上做好下列工作：

· 对基础的宽度、平面度、楼层高度、基础深度进行核对，并且做好记录。

· 对预埋件的位置和尺寸进行核对，明确附墙架等的位置。

· 对限位开关装置、防坠安全器、电缆架、开关碰铁的位置进行核对和确定。

· 对电源线位置和容量进行核对。对电源箱位置和极限开关的位置进行确定，并且做好施工升降机。

③根据施工方案，编制施工进度。

④清查或者购置安装工具和必要的设备和材料。

（2）安装拆卸安全技术

安装和拆卸时，要注意下面的安全事项：

①操作人员需要根据高处作业的规定，在安装的时候戴好安全帽，系好安全带，并且把安全带系好在立柱节上。

②在安装的过程中，需要专人负责统一指挥。

③升降机在运行的过程当中，操作人员的头、手不能露出安全栏之外；如果有

人在导轨架或者附墙架上工作,禁止启动升降机。

④每个吊笼顶平台作业人数不能超出 2 人,顶部承载的总重量不能超出 650kg。

⑤使用吊杆安装的时候,不能超载,且只能容许用作安装或者拆卸升降机零部件,不能用作其他用途。

⑥碰到雨、雪、雾以及风速超出 13m/s 的恶劣天气禁止安装和拆卸作业。

3. 施工升降机的安全使用管理技术

(1)升降机在安装之后,企业技术负责人会与有关的部门针对基础和附壁支架以及升降机架设安装的质量、精度等作全面的检查,并且要根据所规定的程序做技术试验(包含坠落试验),只有经试验合格签证以后,才能够投入运行。

(2)升降机的防坠安全器,在使用的过程中不能随意拆检调整,必须拆检调整的时候或者每用满一年之后,可以让生产厂家或者所认定的认可单位做调整、检修或者鉴定。

(3)新安装或者转移工地重新安装的以及经过大修之后的升降机,在开始使用之前,要进行坠落试验。升降机在使用当中每隔 3 个月,就要作一次坠落试验。试验程序要根据说明书上的规定来进行,当试验过程中梯笼坠落超出 1.2m 制动距离的时候,要查清楚原因,并及时调整防坠安全期,以确保不会超出 1.2m 制动距离。试验完毕后以及正常操作中每出现一次防坠动作,都需要对防坠安全器进行复位。

(4)作业前重点检查项目要满足下面的要求:

①各部结构没有变形,连接螺栓没有松动。

②齿条和齿轮、导向轮和导轨都接合正常。

③各部钢丝绳固定良好,没有异常磨损的情况。

④运行范围内无障碍。

(5)在启动之前,要对电缆、接地线作检查,并确定完好无损,控制开关在零位。电源接通之后,要查看并确定电压正常,可以测试一下有没有漏电的情况。要测试并确定各限位装置、梯笼、围护门等地方的电气联锁装置良好可靠,电器仪表灵敏而有效。在启动之后,要进行空载升降试验,主要是为了测试各传动结构制动器的效能,一经确认正常以后,就可以开始作业了。

(6)升降机在每班首次载重运行的时候,在梯笼距离地面 1~2m 的时候,可以停机试验制动器的可靠性;一旦发现制动效果不好时,要及时进行调整或者修复后再运行。

(7)梯笼内乘人或者载物的时候,要令载荷平均分布,不能偏重。禁止超载运行。

(8)操作人员可以按照指挥信号来进行操作。在作业之前可以鸣声示意。在升降机没有切断电源开关的时候,操作人员不能擅自离开操作岗位。

(9)当升降机在运行的时候发现异常,要马上停机并且采用有效的措施把梯笼将至底层,排除故障后才能继续运行。如果在运行中发现电气失控,要及时按急停按钮;在没有排除故障之前,不能打开急停按钮。

(10)当遇到大雨、大雾、6 级及以上大风以及导轨架、电缆等结冰的时候,升降机要停止运行,并且要把梯笼降到底层,切断电源。暴风雨过后,要对升降机各相关的安全装置作一次检查,经检查正常以后,才能运行。

(11)升降机运行到最上层或者最下层的时候,禁止把行程限位开关当作停止运行的控制开关。

(12)升降机在运行中因为断电或者其他原因而中途停止的时候,可以作手动下降,把电动机尾端制动电磁铁手动释放拉手缓缓向外拉出,令梯笼缓慢地向下滑行。梯笼在下滑的时候,不能超出额定运行速度,手动下降要由专业维修人员来操作。

(13)作业完毕之后,要把梯笼降到底层,把各个控制开关拨到零位,切断电源,将开关箱锁好,闭锁梯笼门和围护门。

第4章 现代土木工程安全事故分析

在我国基础建设不断发展中,各种土木工程方面的事故也在不断地发生。自始至终,人们对事故的调查与处理都非常重视,因此科学并全面的分析事故原因不仅可以给事故的处理带来必要的依据,还能够为避免同类事故的发生提供宝贵经验。本章主要对土木工程事故及其类型、土木工程事故致因、土木工程事故分析方法、土木工程安全事故应急救援与调查处理作了论述。

4.1 土木工程事故及其类型

4.1.1 土木工程事故的定义

事故指的是出现在预期范围外的给人们带来人身伤害或者财产或者经济上损失的事件。事故是一种意外事件,它不仅会对人们的生产、生活活动带来影响,还会给人们带来伤害、财物损害或者环境污染等其他形式的严重后果。从这个意义上来看,事故是在人们生产及生活活动中突然发生的、违背人们意志的、迫使活动暂时或者永久停止、可能会对人们造成伤害、财产损失或者环境遭到污染的意外事件。

根据《工程结构可靠性设计统一标准》(GB 50153-2008)的相关规定,建筑结构需要满足的功能有如下几种:

(1)可以经受住正常施工与使用时出现的多种作用。

(2)在正常使用情况下,具备非常好的工作性能。

(3)在正常维护下有充足的耐久性。

(4)在偶然作用(比如地震、火灾、爆炸、风灾)发生时或者发生后,其结构仍然保持着必要的整体稳定性。

我国建设部有相关的规定,一旦质量没有到合格的标准,那么就必须要返修、加固或者报废处理,这样造成的直接损失在 5000 元(包括 5000 元)以上的就称作工程质量事故。一般把达不到国家质量验收标准要求的,或者建筑结构功能无法满足的叫作土木工程事故。

4.1.2　土木工程事故的特点

1.严重性

土木工程所产生的施工事故,其带来的影响是非常大的,会导致人员伤亡或者财产损失,给人们的生命及财产造成非常大的损失,严重的施工事故更会导致群死、群伤或者非常大的财产损失。从美国 1993 年的统计来看,建筑业所雇佣的劳动力仅占美国全国劳动力的 5%,但是其产生事故的概率却比较高,为 11% 的伤残事故和 18% 的死亡事故。这几年来,我国土木工程施工事故的死亡人数与事故次数仅低于交通、矿山这两个行业,是人们普遍重视的热点问题。为此,针对土木工程事故的隐患不能松懈,因为一旦施工事故发生了,其带来的损失是没有办法挽回的。

2.复杂性

土木工程施工生产的特点导致影响土木工程安全生产的原因很多,导致土木工程施工事故的原因非常复杂,虽然是同一种类型的施工事故,但是其产生的原因也可能是不一样的,这种情况对分析和判断事故的性质、原因等增加了复杂性。

3.可变性

土木工程施工当中的事故隐患极有可能会随着时间发展及恶化,如果不赶快整改与处理,有很大可能会发展成严重或者重大的施工事故。为此,在分析和处理施工中的事故隐患的时候,要对事故隐患的可变性重视起来,及时采取措施,对其进行纠正、消除,杜绝其发展并恶化为事故。

4.多发性

土木工程施工事故,一般是在工程的某个部件或者工序或者作业活动中发生,比如,物体打击事故、触电事故、高处坠落事故、坍塌事故、起重机械事故、中毒事故等等。对于这些多发性事故,应从中吸取教训并总结经验,采取有效预防的措施,并加强事前预控、事中控制。

4.1.3　土木工程安全事故类型的确定原则

土木工程安全事故根据不同的分类标准,可以划分成多种类型的事故,对于按照致害起因分类的伤亡事故类别,在事故类型的判定上存在着交叉的事故形态,应该把该事故的起因物当作确定事故类型的一般原则。比如:工人在施工电梯中坠落,如果该事故的根本原因在人员身上,而施工电梯设置又符合国家规范,那么就把此事故判别为高处坠落;如果其根本原因是施工电梯存在隐患,那么就将此次事故判定为起重伤害。起因物指的是会令事故产生的物体、物质,而致害物则指的是在事故产生的过程中能直接带来伤害或者令当事人死亡的物质。起因物和致害物有可能是同一个物体,比如物体打击事故中高处坠落的尖锐或者比较重的物体,也可能是不同的物体,比如在一例起重伤害的事故中,起因物是过度磨损的索具,而致害物是吊钩上掉下来的重物。

4.1.4　土木工程事故的类型

1.按事故的原因和性质分类

在土木工程安全生产领域中,安全生产事故指的是在土木工程生产活动的过程中,发生的一个或者一系列意外的,会导致人员伤亡、工程结构或者设备损害及财产损失的事件。土木工程安全事故可分成 4 类,生产事故、质量事故、技术事故和环境事故。

(1)生产事故

生产事故指的是在工程产品的生产、维修和拆除的过程当中,操作人员不遵守相关施工操作规程等而造成的安全事故。这类的事故常常是在施工作业的过程中出现的,其发生的次数非常高,是土木工程安全事故主要类型中的一种,因此,当前我国对土木工程安全生产的管理主要重视生产事故。

(2)质量事故

质量事故指的是因设计不符合行业规范或者施工没有达到要求等原因而令工程结构实体或者使用功能存在一定纰漏,从而导致安全事故的发生。质量问题也是工程安全事故的主要类型的一种。

(3)技术事故

技术事故指的是因为工程技术的原因而发生的安全事故,技术事故所带来的后果常常是非常严重的,具有毁灭性的。技术事故的发生,可能在施工生产阶段,也可能是在使用阶段。

(4)环境事故

环境事故一般是因为对工程实体使用不当而产生的,比如荷载超标(静荷载设计,动荷载使用)、使用高污染土木工程材料或放射性材料等。

2.按致害起因分类

《企业职工伤亡事故分类标准》(GB 6411-86)根据致害起因把伤亡事故分为以下几种(见表4-1):

表4-1 伤亡事故类别

序号	事故类别
1	物体打击
2	机具伤害
3	车辆伤害
4	起重伤害

序号	事故类别
5	触电
6	淹溺
7	灼烫
8	火灾
9	高处坠落
10	坍塌
11	冒顶片帮
12	透水
13	放炮
14	火药爆炸
15	瓦斯爆炸
16	锅炉爆炸
17	容器爆炸
18	其他爆炸
19	中毒和窒息
20	其他伤害

据住建部的统计,土木事故中高处坠落、触电、施工坍塌、物体打击、机具伤害这5类事故占事故总数的85%以上,这5类事故类型被称作土木事故"五大伤害"类型。从住建部2012年发布的《全国建筑施工安全生产形势分析报告》中可看出,2011年全国土木施工伤亡事故类型仍然以高处坠落、坍塌、物体打击、机具伤害和触电等"五大伤害"为主,这些类型事故的死亡人数分别占全部事故死亡人数的45.52%、18.61%、11.82%、5.87%和6.54%,总计占全部事故死亡人数的88.36%。

3.按事故发生原因分类

(1)直接原因

机械、物质或者环境的不安全情况,人的不安全行为。

(2)间接原因

技术上和设计上存在一定的缺陷,教育安全培训力度不够,劳动组织不合理,对现场工作缺乏一定的检查或者指导错误,安全操作规程没有或者不健全,没有或者不认真实施事故防范措施,对事故隐患整改不够等等。

4.按事故等级分类

依据《生产安全事故报告和调查处理条例》,事故应划分为特别重大事故、重大事故、较大事故和一般事故 4 个等级。

(1)特别重大事故

指的是导致 30 人以上死亡,或 100 人以上重伤,或 1 亿元以上直接经济损失的事故。

(2)重大事故

指的是导致 10 人以上 30 人以下死亡,或 50 人以上 100 人以下重伤,或 5000万元以上 1 亿元以下直接经济损失的事故。

(3)较大事故

指的是导致 3 人以上 10 人以下死亡,或 10 人以上 50 人以下重伤,或 1000 万元以上 5000 万元以下直接经济损失的事故。

(4)一般事故

指的是导致 3 人以下死亡,或 10 人以下重伤,或 1000 万元以下直接经济损失的事故。

其中,事故导致的急性工业中毒的人数,也在重伤的范围之内。

4.2 土木工程事故致因分析

4.2.1 事故致因理论

土木工程事故致因理论是从许多非常典型的事故根本原因的分析中提取出来的事故机理和事故模型。这些机理和模型能够反映事故发生的规律性,为安全事故原因进行定性、定量分析,为事故的预测预防与改进安全管理工作,从理论上提供科学的、完整的依据。

随着科学技术和生产方式的发展,事故发生的本质规律在不断变化着,人们对事故原因的了解也在不断深入,因此出现了很多种具有代表性的事故致因理论和事故模型。

1. 事故因果连锁理论

(1)海因里希因果连锁理论

在 20 世纪 30 年代,海因里希提出了事故因果连锁理论的概念。该理论表示工业伤亡事故的发生是由很多互为因果关系的原因连锁作用的结果。具体表现为人员伤亡(见图 4-1)5 的发生是由于发生了事故 4;事故的发生是因为人的不安全行为或者物体的不安全状态(比如机械或者物质的不安全状态)3;人的不安全行为或者物的不安全状态是人的缺点错误所导致的 2;人的缺点产生于不良的环境或先天的遗传因素 1。

人的不安全行为或者物的不安全状态,指的是那些曾经导致的事故,或者可能导致的事故的人的行为和物的状态。

人们用多米诺骨牌形象地表示了这一事故因果的连锁关系(见图 4-1)。

如果骨牌系列中的第 1 块骨牌(表示不良环境和先天遗传)被碰到了,由于连锁的作用,剩下的骨牌第 2 块(表示人的缺点错误)、第 3 块(表示人的不安全行为或者物的不安全状态)、第 4 块(发生事故)、第 5 块(伤亡事故)就会被相继碰到,即导致伤亡事故的发生。

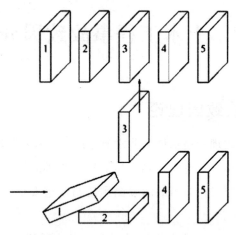

图 4-1 事故因果连锁关系

根据上述理论,生产过程中产生的人的不安全行为或者物不安全状态是事故产生的根本原因。企业安全工作的重中之重就是要防止人的不安全行为,消灭物的不安全状态,这样就可以中断事故的连锁过程,从而避免伤亡事故的产生。这就好比移除骨牌系列中的中间一块关键的骨牌,令连锁作用中断,使事故过程被中止。

海因里希的事故因果连锁理论对安全工作有着非常重要的意义,然而它把人的不安全行为和物的不安全状态的发生原因归咎为人的缺点和错误,对先天遗传因素的作用过分强调,反映出海因里希时代的局限性。随着科学技术的不断进步,工业生产的日新月异,在海因里希的理论基础上,提出了能够反映现代安全生产观念的事故因果连锁理论。

(2)博德事故因果连锁理论

美国人小弗兰克·博德(Frank Bird)在海因里希事故因果连锁理论的基础上,提出了与现代安全观点更加符合的事故因果连锁理论(见图 4-2)。

博德的事故因果连锁过程也包括以下 5 个因素(每个因素的含义和海因里希的有所不同):①本质原因——管理缺陷,事故因果连锁中一个非常重要的因素是安全管理。对于很多工业企业来说,只有完善安全管理工作,才能在一定程度上避

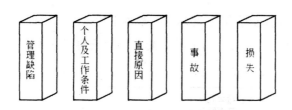

图 4-2　博德事故因果连锁理论模型

免事故的发生,所以安全管理要不断地去适应生产的发展与变化,防止事故的发生;②基本原因——个人原因及工作条件,个人原因有对安全知识或技能知之甚少,行为动机不正确,身体上或者精神上有一定问题,工作条件方面有安全操作规程不健全,设备、材料不合格等环境因素,只有找到并把这些原因控制起来,才能够避免后续原因的发生,避免事故的出现;③直接原因,人的不安全行为或者物的不安全状态是导致事故的根本原因;④事故;⑤损失。

博德事故因果连锁理论认为事故的基本原因是管理有一定缺陷,而人或者物的不安全仅仅是触发事故的直接因素,追究其根本原因,在于管理上存在一些缺陷。在企业管理运营当中,因为资金或技术等很多因素,全部依赖工程技术来完成真正的本质安全,从而达到预防事故的目标是不经济也不现实的,在原有的工程技术措施的基础上,提高并完善企业内外部的安全管理工作,才能够预防事故的出现。这一观点和现代企业安全管理(现代企业管理)的观点是一致的。在大部分的企业内部中,都设置着专门的安全管理部门或者专职的安全管理人员,在系统上实施安全管理。企业的管理层意识到,在企业的生产运营中如果没有完全实现本质安全化,就需要实施非常完善的安全管理。为此,安全管理成为企业管理中非常重要的组成部分。如果在生产运营中存在一定管理缺陷,则可能会导致管理的发生。

(3)北川彻三事故因果连锁理论

上面提到的几种事故因果连锁理论都把考察范围局限在企业的内部,其目的是为了指导企业内部的事故预防工作,事实上,出现事故的因素是非常多并且复杂的。企业作为社会的一个组成体,其所在国家或者地区的政治、经济、文化、宗教、科技发展水平等很多社会因素都会给企业内部伤害事故的出现带来一些影响,因此其预防措施的制定与实施要依据上面的综合性影响而有所调整。

日本在工业化的进程当中,北川彻三根据上面的不足,对前人的事故因果连锁理论进行了总结与修订,并提出另外一套非常综合性的事故因果连锁理论(见图4-3)。

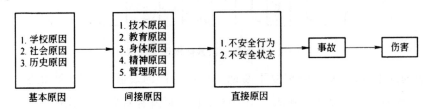

图 4-3　北川彻三事故因果连锁理论模型

在北川彻三事故因果模型当中,事故的间接原因主要有技术、教育、身体、精神上的原因,在这当中技术原因指的是机械、装置、设施的设计、建造、维护有一定的缺陷;教育原因指的是因为教育不充分而导致人员对于安全知识和操作经验知之甚少;身体原因指的是人员的身体情况不佳;精神原因指的是人员态度不端正,以及性格不稳定等等。事故的根本原因在于管理层疏忽、作业标准不统一,制度有一定缺陷,人员划分上不恰当等管理原因,另外还有由于教育机构的教育不足而造成的学校教育和社会及历史因素等等。

2.危险源系统理论

(1)理论基础

危险源即潜在的危险因素。实际上,事故因素中,不安全因素种类非常多,并且很复杂,它们在引起事故发生、给人员带来伤害及财物损失方面中所产生的作用各不相同,因而要识别并控制它们的方法也会有所不同。按照危险源在事故发生、发展中所导致的作用,可以把它分为两类,第一类危险源和第二类危险源。

①第一类危险源。按照能量意外释放论,事故是能量或者危险的物质意外地释放出来,并作用在人体身上的过量能量或者能够干扰人体与外界能量交换的危险物质,它是导致人员伤害的根本原因。为此,我们把这种在系统中存在的、可能会产生意外释放的能量或者危险物质叫作第一类危险源。第一类危险源所蕴含的能量越多,那么一经发生事故所带来的后果就会非常严重。反之,第一类危险源处

在低能量状态的时候,是相对安全的。第一类危险源拥有的危险物质的量不断增多,那么对人类的新陈代谢的干扰就会非常严重,所带来的危险性就会非常大。

②第二类危险源。在土木工程生产活动中,为了能够利用能量,令能量能够按照人们的意图在系统中流动、转换和做功,按照人们的意愿完成土木工程生产活动,就需要采取一定措施约束并限制能量,也就是要把危险源控制起来,防止能量意外释放。事实上,完全可靠的控制措施是不存在的,在很多种因素的复杂作用下,约束、限制能量的控制措施可能会失效,或者能量屏蔽被破坏,从而导致事故的发生。令约束、限制能量的措施失效或者破坏的众多不安全因素叫作第二类危险源。

(2)该理论在事故发展中的机理

一起事故的发生是两类危险源共同作用的结果。第一类危险源的存在是导致事故的先决条件,没有第一类危险源也就没有能量或者危险物的意外释放,也就不会造成事故的发生。另外,如果第二类危险源没有破坏第一类危险源的控制,也不会出现能量或者危险物质的意外释放情况。第一类危险源在事故发生时释放的能量是令人员伤害或者财物损害的能量主体,它决定着事故的严重程度;第二类危险源发生的难易则决定着出现事故的概率。两类危险源同时决定着危险源的危险性。

在实际的土木工程安全事故预防工作当中,第一类危险源从客观上来说已经存在,并且在设计、建造的时候已经做好了必要的控制措施,为此在事故预防工作中,第二类危险源的控制问题成为预防的重点。

4.2.2　事故致因理论的作用机理

针对近几年来全国各类土木工程安全生产事故进行详细分析,然后结合上面的致因理论的作用机理,也就是安全管理缺陷→(产生)→深层原因→(引发)→直接原因→(轨迹交叉、导致)→事故→(造成能量意外释放)→伤害,把事故的发生概括为如下几大原因:

(1)伤害:生命、健康、经济上的损失。

(2)事故:人员和危险物体或者环境接触。

(3)直接原因：人的不安全行为或者物的不安全状态。

(4)深层原因：人、设备以及管理上的不良致因。

(5)根本原因：安全管理上存在一定的缺陷。

利用致病理论开始分析的时候，其中的安全管理缺陷、深层原因和直接原因，都可被当作是事故发生之前的一个或者多个危险因素，即危险源。

4.3 土木工程事故分析方法

4.3.1 因果分析法

1. 理论基础及模型

鱼刺图是日本的管理大师石川馨先生发明的，因此它也被称作石川图。鱼刺图是一种发现问题"根本原因"的方法，它亦被称作"Ishikawa"或者"因果图"，其具体模型如图4-4所示。

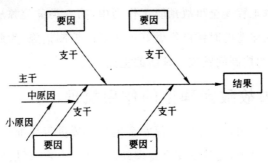

图 4-4 鱼刺图事故模型

2. 鱼刺图的建立与分析步骤

鱼刺图分析即把可能导致某一故障或者事故的直接和间接因素依据不同层次

来排列,从而形成既有脊骨又有分刺的鱼刺图,故因此得名。

鱼刺图的画法为首先应确定画图对象的特点,对事故进行调查和分析,画图对象即所发生的事故;其次要按照导致事故发生的多种因素,分别找到它的大原因、中原因、小原因,而后分别用大小箭头标明,由于箭头的图形跟鱼刺形状很像,因此可以很清晰地看到大、中、小原因。

导致某事故安全的主要因素,也就是鱼刺图的脊骨部分,也就是大原因,大原因确定后,而后找出影响大原因的中原因,而后逐渐找出影响中原因的小原因,这样层层分解,令它们相互关系和影响清晰,而后暴露的问题(小问题)要具体详细。其主要分析步骤为:

(1)确定问题

在具体分析的时候,可从事故本身来分析,先分析出影响事故的大原因有哪些,而后从大原因中找出中原因、小原因,甚至更小的原因,最后查出并确定主要原因。清楚要解决问题的含义,用准确的语言把事故表述出来,而后用方框画在图画的最右边。

(2)调查问题

影响事故发生的因素有很多种,这些因素非常复杂,互相交叉在一起,只有准确地找到问题产生的根源才能从根本上解决问题,才能够做出准确的图形。

(3)分析原因

按脑力激荡分别对各层的类别找出全部的可能原因(因素),从这个事故出发先分析大原因,然后大原因作为结果寻找中原因,而后以中原因为结果寻找小原因,甚至更小的原因。

(4)综合分类

找出各要素并进行重要程度及彼此间的因果关系归类、整理和分类,梳成辫子,明确其从属关系,分析选取重要因素。

(5)分类填图

检查各要素的描述方法,确保语法简明、意思明确。画出主干线,主干线的箭头指向事故,再在主干线的两边依次用不同粗细的箭头线表示出大、中、小原因之间的因果关系,在相应箭头线旁边注出原因内容。

3. 鱼刺图分析法的特点

它的特点是简捷实用,深入直观。它看上去非常像鱼刺,问题或者缺陷(后果)标在"鱼头"外。在鱼骨上长出鱼刺,上面按照出现机会多寡列出产生生产问题的可能原因。鱼刺图有利于表示各个原因之间的主次关系及如何相互影响。它也能表示出各个可能的原因是如何随时间而依次出现的。利用鱼刺图对土木工程事故进行分析,层次分明、思路清晰,它对后期制定相应的完善措施有非常明确的指导效果。

4.3.2 事故树分析法

事故树分析(Accident Rree Analysis,ATA)理论源自于故障树分析方法(简称 FTA),是美国贝尔实验室在 1920 年开发的。它利用逻辑分析的方法,形象进行危险的分析工作,具有直观、明了,思路清晰,逻辑性强的特点。它可做定性分析,还可以做定量分析,从而体现了以系统工程方法研究安全问题的系统性、准确性和预测性。它是安全系统工程的分析方法中的一种,也是安全系统工程中非常重要的一种分析方法,还是一种能够演绎的安全系统分析方法。它可以对各种系统的危险性进行辨识与评价,能够从中分析出发生事故的直接原因,并且从中深入地挖掘出事故的潜在因素。它一般是从所分析的特定事故或者故障中开始(顶上事故),一层层判断所发生的原因,直至找到导致事故的根本原因,也就是故障树的底事件为止。这些底事件也被称作基本事件,它们的数据是已知的或经过统计或者实验的结果。

1. 事故树分析法的基本概念

顶上事件:位于事故树顶端的事件,也就是所要分析的事故。

底事件:事故树底端的事件,是导致其他事件的原因事件,它包含基本事件与省略事件。

中间事件:位于事故树顶上事件和底事件之间的结果事件。

事故树中的事件是由各种符号和其连接的逻辑门组成,常见符号和逻辑门如下：

矩形符号：表示顶上事件或中间事件。

圆形符号：表示基本事件，可以是人的差错，设备与机械故障、环境因素等，不再继续往下分析。

菱形事件：表示省略事件，即来自系统外的原因事件。

与门：所有输入事件都发生时，输出事件才发生。

或门：至少一个输入事件发生时，输出事件才发生。

限制门：输入事件发生在满足条件时，输出事件才发生。

2. 事故树的编制和分析流程

事故树分析会按照对象事故的性质、分析目的的不同，分析的流程也会不同，使用者要依据实际需要及要求来确定分析程序。事故树的一般流程图如图 4-5 所示。

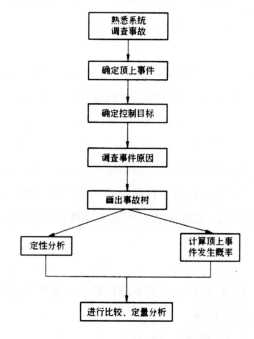

图 4-5　事故树分析流程

（1）熟悉系统

要清楚地熟悉系统情况，主要为工作程序、各种重要参数、作业情况，围绕所分析的事件来着手工艺、系统、相关数据等资料的收集。必要的时候，可以画出工艺流程图和布置图。

（2）调查事故

需要在之前事故实例、有关事故统计的基础上，尽量广泛地调查所能预想到的事故，也包括已经发生的事故和可能发生的事故。

（3）确定顶上事件

顶上事件就是我们需要进行分析的对象事件。对要调查的事故，分析它的损失大小和发生的频繁程度，然后从其中找到后果严重并且容易发生的事故来当作我们分析的顶上事件。

（4）确定控制目标

从以前的事故记录和同类系统的事故资料来统计分析，求得事故发生的概率或者频率，而后按照事故的严重程度来确定控制事故的发生概率目标值。

（5）调查分析原因

顶上事件一经确定以后，为了能编制好事故树，需要把导致顶上事件的全部直接原因事件给找出来。直接原因事件可能为机械故障、人的因素或者环境原因等等。

（6）绘制事故树

这个环节是 FTA 的核心部分。把导致引发顶上事件的各种原因找到以后，就能从顶上事件开始进行演绎分析，一级一级地找到全部的直接原因事件，直至达到要分析的深度，而后以相应的事件符号和恰当的逻辑门把它们以从上到下的顺序分层连接起来，层层向下，直到最基本的原因事件，这样就构成了一个完整的事故树。

（7）定性分析

按照事故树的结构进行化简，求得事故树的最小割集和最小径集，从而确定各个基本事件结构的重要度排序。

（8）计算顶上事件发生概率

按照调查的情况和资料来确定所有原因事件的发生概率，标在事故树上。根据上述基本数据,求出顶上事件(事故)发生概率。

(9)进行比较

要依据可维修系统和不可维修系统分别进行考虑。对于可维修系统,可以把求出的概率和通过统计分析得出的概率进行比较,如果两者不符合,就需要重新进行研究,查看原因事件是否齐全,事故树的逻辑关系是否清楚,基本原因事件的数值设定是否过高或者过低等等。对于不可维修系统,则求出其顶上事件的发生概率就可以。

(10)定量分析

定量分析包括下列 3 个方面的内容:

①当事故产生的概率远远大于预定的目标值的时候,要找出能够降低事故产生概率的一切可能的方式,可以从最小的割集入手,选出理想的方案。

②根据最小径集,研究能够消除事故的方法,选出理想方案。

③求出各个基本原因事件的临界重要度系数,对需要治理的原因事件按照临界重要度系数的大小来排队,或者编写出安全检查表,达到加强人为控制的目的。

本阶段内容比较多,主要内容有计算顶上事件发生概率,也就是计算系统的点无效度和区间无效度,另外,还要对重要度和灵敏度进行分析。

3. 事故树的定性分析

因为不用做定量分析,所以事故树分析的一些流程就可以忽略。通常仅需要在熟悉系统的前提下,确定顶上事件并且调查出分析原因就可以绘制出事故树,达到定性分析的目的。定性分析的任务是对事故树的最小割集和最小径集求解,从而确定各基本事件的结构重要度排序。

(1)最小割集

最小割集指的是可以引发顶上事件产生的最基础的基本事件的集合,也可以这样认为,只要割集中的全部基本事件都没有发生,那么顶上事件就不会产生。最小割集表示的是系统的危险性,每一个最小割集都可能是引发顶上事件的渠道。最小割集的数量逐渐增多,那么系统就会越危险。利用布尔代数法化简事故树就可以求出最小割集。

(2)最小径集

最小径集指的是如果基本事件不发生，那么顶上事件就不会发生的集合。最小径集表示的是系统的安全性。求出最小径集就可以明确，为了令顶上事件不引发的几种可能方法，从而掌握系统的安全性，给控制事故提供保障。具体求法主要是通过对偶性原理，它是把事故树转变成成功树模型，而后对成功树进行化简，求出成功树的最小割集，也就是事故树的最小径集。

对偶性原理表示的是把与门变成或门，或者将门变成与门，事故树的原事件就会变成它的对立事件。

在求最小割(径)需要用到的布尔代数法运算法则主要有分配律和摩尔根定律。

分配律：$A \cdot (B+C) = A \cdot B + A \cdot C; (A+B) \cdot (A+C) = A + B \cdot C$

摩尔根定律：$(A+B)' = A' \cdot B'; A' + B' = (A \cdot B)'$

上式中"·"表示与门，"＋"表示或门，A 和 A' 为对立事件，$A \cdot B$ 也可以写成 AB，AB 写成集合形式：$P = \{A, B\}$。

(3)结构重要度的定性分析

结构重要度的定性分析主要是在不考虑基本事件发生概率是多少的前提下，仅仅从事故树的结构上来分析各个基本事件发生会对顶上事件发生的影响程度，这样就可以根据轻重缓急来制定适合的安全防范措施，令系统达到经济、有效、安全的目的。结构重要度定性分析原则主要有以下几方面：

①单事件最小割(径)集中基本事件结构重要系数最大。比如：$P_1 = \{X_1\}; P_2 = \{X_2, X_3\}; P_3 = \{X_4, X_5, X_6\}$。第一个最小径集仅有一个基本事件 X_1，根据这个原则 X_1 的结构重要系数最大。

②只出现在同一最小割(径)集中的所有基本事件结构重要系数相等。比如：$P_1 = \{X_1\}; P_2 = \{X_2, X_3\}; P_3 = \{X_4, X_5, X_6\}$。$X_2, X_3$ 仅出现在第二个最小径集，在其他最小径集中都未出现，因此 $I(2) = I(3)$。

③出现在基本事件个数相等的若干个最小割(径)集中的各基本事件结构重要系数要根据出现次数而定，也就是说出现次数少，其结构重要系数小；出现次数多，

其结构重要系数大;出现此数相等,其结构重要系数相等。比如:$P_1 = \{X_1, X_2, X_3\}$;$P_2 = \{X_1, X_3, X_4\}$;$P_3 = \{X_1, X_4, X_5\}$。此事故树有 5 个基本事件,都出现在含有 3 个基本事件的最小割集中。X_1 出现 3 次,X_3、X_4 出现 2 次,X_2、X_5 只出现 1 次,按此原则,$I(1) > I(3) = I(4) > I(5) = I(2)$。

④若它们在少事件的最小割(径)集中出现次数少,在多事件最小割(径)集中出现次数多,以及其他更为复杂的情况,可以用下面近似判别式计算:

$$\sum I(i) = \sum_{X_i \in K_j} \frac{1}{2^{n_i-1}}$$

式中,$I(i)$——基本事件 X_i 结构重要系数近似判别值,此值越大,对应的基本事件就越重要;

$X_i \in K_j$——基本事件 X_i 属于 K_j 最小割(径)集;

n_i——基本事件 X_i 所在最小割(径)集中包含基本事件的个数。

通过上面 4 条原则来判别基本事件结构重要系数大小的时候,应该按第一至第四条的顺序进行,不能单纯使用近似判别式,这样做的目的是为了避免出现错误的结果。基本事件的结构重要顺序排列出来后,可作为判断不同事故原因给最终造成的事故的影响程度大小,亦可当作制定安全检查表、找到日常管理和控制要点的依据。

4.4　土木工程安全事故应急救援与调查处理

4.4.1　土木工程安全事故的应急救援

土木工程安全事故应急救援包括以下两方面内容:

(1)事故应急救援预案的编制。

(2)事故应急救援预案的实施,主要有应急救援的行动和事故的预防。

1.事故应急救援系统的任务和特点

事故应急救援指的是利用预先计划和应急的措施,充分运用全部可能的力量,在事故发生之后立刻把事故的发展控制起来,并竭尽可能地排除事故,保护现场人员和场外人员的安全,把事故给人员、财产和环境带来的损害等降低到最低的程度。

常见的事故应急救援系统一般由 6 部分组成,主要的内容有:①应急救援组织机构;②应急救援预案(或称计划);③应急培训与演练;④应急救援行动;⑤现场清除与净化;⑥事故后的恢复和善后处理等。20 世纪 70 年代,因为工业事故的发生规模越来越大,所以很多的发达工业国家就进行了事故应急救援系统的研究,并制定出了有关的法律法规来确保应急救援系统的有效实施。新中国成立以后,我国逐渐建立了一些事故应急救援系统,主要范围包括城市、矿山、化学等多个重点领域。

(1)事故应急救援系统的基本任务

①要立即组织营救受害人员:重要的应急救援准则就是把以人为中心保护人员安全摆在首要位置。

②迅速控制危险源:解决危险的关键是要非常迅速地把危险源给控制住,从而遏制危险源的形成及发展,控制有毒有害物质的排出和扩散,这样就可以有效地起到减少事故损失的作用。

③消除事故的后果:消除事故的后果,首要要做好现场的恢复工作,尤其是那些危险物品的泄漏事故,要尽快消除事故的影响,把事故的影响周期减轻到最低。

④查清事故原因,评估危害程度:查明事故的起因,并对其导致的严重程度作研究,这样做的目的是为后续的事故分析和事故预防作基础。

(2)事故应急救援系统的特点

事故应急救援一般都是在特别紧急的情况下进行的,加上事故的出现有着不确定性、突发性、复杂性的特点,还有后果影响易催化、激发、放大的特点。因此当事故出现以后,一旦处理不合理,很多种因素错综复杂,互相影响,很可能会使事故变得更加严重。因此,根据事故的应急救援特点,我们要做出正确的行动,具体要求如下：

①迅速。时间就是生命，争取到了时间，就能把事故的损失（人员的伤亡及财产损失）减少到最低，因此在事故发生之后，要有一个迅速应急救援的响应机制，可以非常快速高效地把人员和物质调动起来，从而开展应急救援的活动。

②准确。对于事故发生的情况，要采用正确有效的措施，才能够使应急救援得到有效实施。当一些重大事故发生之后，需要成立一个有专家的应急救援小组，由专家为应急救援出谋划策，使其判断准确，这样才能使应急救援更加有效。

③有效。如果出现非常紧急的情况，要能够保障应急救援行动及时到位，包括人员到位，设备物质准备到位，还要保质保量，能够调配到事发现场，开展应急救援的行动。如果出现紧急情况，就要令应急救援行动技术到位，包括人员到位，设备物资准备到位，要保质保量，可以调配到事发现场，可以展开应急救援行动。

2. 土木工程安全事故应急救援预案类别与策划

事故应急救援预案也叫事故应急计划，是事故应急救援系统中非常重要的组成部分。应急救援预案与应急救援是密切联系在一起的，应急救援预案在最开始的时候被称作事故应急计划，它是事故应急救援中重要组成部分，现在有的时候也会把它看作是应急救援中的全部，因为预案里面的所有内容，都是应急救援中要处理的问题。

（1）土木工程安全事故应急救援预案的分级与层次

根据对象的不同，可划分成土木施工企业的应急预案（即现场应急预案）、主管政府部门的现场外应急预案。企业应急预案是根据土木施工单位的要求进行编制的，通常在企业范围内比较适用，应按照企业的现实危险状况编制；场外的政府应急预案是各级政府相关部门按照《安全生产法》中的有关规定编制的，主要编制本行政区域内重大伤亡事故的应急预案。

按照可能的事故后果的影响范围、地点及应急方式，可以把事故应急预案划分为以下 5 种级别：

①Ⅰ级（企业级）应急预案；

②Ⅱ级（市、县/社区级）应急预案；

③Ⅲ级(地区/市级)应急预案;

④Ⅳ级(省级)应急预案;

⑤Ⅴ级(国家级)应急预案。

应急预案分为3个层次,主要为综合预案、专项预案和现场预案,3个预案从上到下逐步细化。

综合预案等同于总体预案。从整体上来说明应急预案的方针、政策、应急组织结构以及相应的职责,应急行动的总体思路等等。通常来讲,企业或者政府的相关部门编制的本单位或者部门包含的全部事故类型的应急救援预案就可以被称作综合预案。

综合预案下面又细分了若干个专项预案,是根据某一种类型的事故所编制的,例如主要根据土木施工高空坠落危险性而编制的专项应急救援预案,另外还有防电击、火灾、金属撞击的专项预案等等。

现场预案是以专项预案为根本,按照实际的情况所编制的。现场预案是根据特定的具体场所(主要以现场为目标),一般是该类型事故风险比较大的场所、装置或者重要的防护区域等所制定的预案,例如正在建设的土木工程突然垮塌,应及时编制出现场应急预案,处理垮塌后伤员的救治、垮塌建筑的人员隔离与紧急处置等。

(2)土木工程安全事故应急救援预案的策划

编制事故应急预案,应该将它的首要条件弄清楚,还应有一个正确有序的程序,这样才能够确保编制工作在与国家要求相符的情况下顺利推行。

事故应急救援预案是事故应急系统中的一个重要组成部分。拟定应急预案的目的是为了掌控事故事态的发展,把事故带来的危害降低,减轻事故造成的损失。策划应急预案的根本要求主要有:

①科学性。科学性指的是根据事故发生发展的规律制订出一套非常有效的应急救援方案。

②实用性。预案的编制要根据实际的情况制订,比如火灾发生在不同的地点、不同的类型,它的应急救援要求也会有所不同,要根据生产过程当中的具体情况,结合企业的具体情况来编制,这样才能够确保它的实用性。

③权威性。预案要经由相关的部门,以及一些相关专家进行编制,编制好后要进行审核、评审,这样才能确保预案有一定的权威性,体现应急救援的各项要求,并体现出目前事故应急救援各项技术的科学性和权威性。

3.土木工程安全事故应急救援行动

事故应急救援行动指的是在发生火灾爆炸、有毒物质泄漏等生产安全事故的时候,为了及时疏散并撤离现场人员、救治伤员、控制事故发展形势、减缓事故后果而做出的一系列救援、救助的行动。

(1)现场应急对策的确定及执行

事故应急救援行动是事故应急救援预案中一个非常重要的内容。应急预案中应把救援行动的操作程序,不同事故类型的救援方案和方法等清楚地规定出来。应急人员到达事故现场之后,最先要开始的工作为明确应急对策。应急对策本质上是正确评估、判断和决策的结果。现场应急对策的确定和执行主要分为以下步骤:

①初始评估。救援人员到达事故现场以后,根据短时间的观察,进而清楚事故的种类与危险程度,以及事故的范围和扩展的潜在可能性等信息,而后对事故的具体情况做初步的评估。

②危险物质的探测。在条件非常复杂的情况下,救援人员要利用专门的探测仪器对事故原因、物质状态进行探测,尤其是对一些有毒有害或者易燃爆炸物质的泄漏、反应、燃烧数量进行探测。

③建立现场的工作区域。把事故的情况了解清楚后,要把能够应急救援行动的工作区域给划定出来,保证有充足的空间利于应急救援人员开展工作。在初期的时候,工作区域边界要大一些,保留一些余地,这样才能在需要的时候进行缩小。

主要建立以下几类工作区域:危险区域指的是会给人员带来伤害、中毒危险的区域,只能救护人员进入,其他人员禁止入内;安全区域指的是不会给人员带来毒害物质侵袭或者伤害的区域;缓冲区域指的是处在危险区和安全区中间的,能在救援中暂时放置物资的区域。

上述几类区域的大小地点范围取决于泄漏物质或者事故的类型,包括污染物性质、天气、地形、地势和其他的一些有关因素等。比如一旦风刮得很大的时候,所造成的影响是有毒物质扩散的范围会变大,因此这几类区域的范围也应该扩大一些,在没有风的情况下,这几类区域范围也应随之缩小。

④确定重点保护区域。根据事故后果模型以及危险物质的浓度,救援人员要把极可能给人员带来财产伤害的区域给判断出来。

⑤防护行动。防护行动主要内容有搜寻和营救行动、人员的查点、疏散避难、危险区的进出管制等工作。

(2)事故的现场急救

现场急救是能够降低人员伤亡的一种有效办法,受到伤害的人员如果能尽快地进行急救,不仅能够减轻伤害,还能抢救生命。在现场急救中,除了专业的医护人员外,普通的职工要是也懂一些急救方面的知识,也是可以做到减少伤亡的效果的。

在出现事故的时候,防护救护组主要是进行事故期间的防护救护工作的,他们根据事故级别和类型来安排以下防护救护工作:

①在收到行动命令后,防护救护组人员来到指定地点后,开始进行指定区域的防护救护工作。

②进行紧急行动,以最大的力量来解救伤员和被困的人员,避免事故向严重程度发展。

③搜寻受伤人员,并把其安置在安全的地方。

④利用外部通讯,把解救出的伤员要立即送往外部救援机构进行救护。

在事故发生后,一旦有人员受伤的情况,特别是伤情严重的情况,要赶紧做出决定,马上采取措施作紧急处理,以免耽误治疗时机。

事故现场的急救中,要注意做到"先救人后救物,先救命后疗伤"的准则,另外,还要对下面几点加以重视:

①救护者要对自身做好防护。在没有踏入有毒区域抢救的时候,要做好自身防护,防毒面具和防护服要选择合适的,并且正确穿戴。

②阻断危害来源。在进入到事故现场以后,救护人员要立刻找到危害物的来源并把它切断,避免伤害持续进行或者有毒物质继续外逸;针对早就逸散的有毒气

体或者蒸汽,要把它在空气中的浓度降低下来,这样才能够更利于下一步的抢救工作。

③立即把中毒者(伤员)带离危险区域。要把中毒者(伤员)尽快安置在空气清新的安全地方;在搬运伤员的时候,要保持沉着、冷静,不能强抢硬拉,避免造成伤员骨折,如果已经骨折或者有外伤,要为其包扎和固定。

④通过有效的措施,对伤员作紧急救护。从现场解救出伤员后,先不要急于叫救护车,应把伤员的衣扣和腰带松解,令呼吸道通畅起来,做好保暖工作;把伤员身上的毒物去掉,避免毒物再继续入侵人体;为伤员的病情进行简单的检查,主要检查伤员是否存在意识障碍、呼吸和心跳是否停止,而后检查是否有出血、骨折的情况,通过对伤员的情况来选择合适的办法,进行现场急救工作。

⑤立即把伤员送到最近的医院就医。送往医院的时候,要做到就近原则,这样才能更快抓紧时间抢救伤员;针对一氧化碳中毒的患者,要去有高压氧舱的医院。

4.4.2　土木工程安全事故的调查处理

2007 年 4 月 9 日,国务院颁布了《生产安全事故报告和调查处理条例》(以下简称《条例》),该《条例》从 2007 年 6 月 1 日起施行。《条例》颁布的意义是用来规范生产安全事故的报告和调查处理、落实生产安全事故责任追究制度、避免和降低生产安全事故。《条例》主要针对生产经营活动中发生的导致人身伤亡或者直接经济损失的生产安全事故的报告和调查处理。《条例》规定,事故报告应当及时、准确、完整,任何单位和个人对事故不得迟报、漏报、谎报或者瞒报。事故调查处理应做到坚持实事求是、尊重科学的原则,及时、准确地把事故经过、原因和损失查清,了解事故的性质,认定事故的责任,总结事故的教训,并提出整改的措施,对事故责任者依法追究其责任。

事故调查处理依照"四不放过"的原则,也就是:

(1)事故原因不查清不放过。

(2)防范措施不落实不放过。

(3)职工群众未受到教育不放过。

(4)事故责任者未受到处理不放过。

1. 生产安全事故等级和分类

(1)生产安全事故的分级

按照生产安全事故(简称事故)所导致的人员伤亡或者直接经济损失来看,事故主要有以下等级:

①特别重大事故,指的是导致 30 人以上死亡,或 100 人以上重伤(包含急性工业中毒),或 1 亿元以上直接经济损失的事故。

②重大事故,指的是导致 10 人以上 30 人以下死亡,或 50 人以上 100 人以下重伤,或 5000 万元以上 1 亿元以下直接经济损失的事故。

③较大事故,指的是导致 3 人以上 10 人以下死亡,或 10 人以上 50 人以下重伤,或 1000 万元以上 5000 万元以下直接经济损失的事故。

④一般事故,指的是导致 3 人以下死亡,或 10 人以下重伤,或 1000 万元以下直接经济损失的事故。

(2)事故的分类

伤亡事故的分类主要是从不同的方面来表述事故的不同特点。依照 1986 年 5 月 31 日发布的《企业职工伤亡事故分类标准》(GB 6441-86),伤亡事故指的是在生产劳动过程中,企业职工发生的人身伤害和急性中毒。事故的类别如下:物体打击、车辆伤害、机械伤害、起重伤害、触电、淹溺、灼烫、火灾、高处坠落、坍塌、冒顶片帮、透水、放炮、火药爆炸、瓦斯爆炸、锅炉爆炸、容器爆炸、其他爆炸、中毒和窒息以及其他伤害。事故导致的伤害分析要考虑到的因素主要为受伤部位、受伤性质(人体受伤的类型)、起因物、致害物、伤害方式、不安全状态、不安全行为。根据事故所导致的伤害程度可把伤害事故分为轻伤事故、重伤事故和死亡事故。

2. 事故报告程序

(1)事故报告的时限和部门

当生产安全事故出现之后,事故现场的相关人员要及时向单位负责人报告;单位负责人在接收到报告之后,要在 1 小时内向事故发生地县级以上人民政府安全生产监督管理部门和负有安全生产监督管理职责的相关部门报告。情况非常紧急的时候,事故现场的相关人员可立刻向事故发生地县级以上人民政府安全生产监督管理部门和负有安全生产监督管理职责的相关部门报告。在事故现场条件达到非常复杂、难以准确判定事故等级,情况非常危急的时候,上一级部门如果没有足够能力进行救援工作,或事故性质非常特殊、社会影响非常重大的时候,可以越级上报事故。

发生事故以后应马上向单位负责人和相关主管部门报告,这对及时采用应急救援措施、防止事故扩大、减轻人员伤亡和财产损失起着非常着重要的影响。安全生产监督管理部门和负责安全生产监督管理职责的相关部门接到事故报告以后,要根据下面的相关规定上报事故的情况,并通知公安机关、劳动保障行政部门、工会和人民检察院:

①特别重大事故、重大事故逐级上报至国务院安全生产监督管理部门和负有安全生产监督管理职责的有关部门。

②较大事故逐级上报至省、自治区、直辖市人民政府安全生产监督管理部门和负有安全生产监督管理职责的有关部门。

③一般事故上报至设区的市级人民政府安全生产监督管理部门和负有安全生产监督管理职责的有关部门。

安全生产监督管理部门和负有安全生产监督管理职责的有关部门逐级上报事故情况,每级上报的时间不能超出 2 小时。事故报告后出现新情况,要马上补报。从事故发生的第一天起,到 30 日以内,事故导致的伤亡人数有变数的,也要马上补报。

上报事故的第一原则是及时。"2 小时"起点指的是接收到下级部门报告的时间。例如,特别重大事故的报告,要根据报告时限所要求的最大值来计算,从单位负责人报告县级管理部门,再由县级管理部门报告市级管理部门、市级管理部门报告省级管理部门、省级管理部门报告国务院管理部门,直至最后报至国务院,所花费的时间为 9 个小时。

(2)事故报告的内容

报告事故主要内容为事故发生单位的具体情况,事故发生的原因、地点以及事故现场的情况、事故的简单经过、事故所导致的或者已经带来的伤亡人数（也包含下落不明的人数）和初步预估的直接经济损失、已采取的措施和其他要报告的情况。事故报告要秉持完整性的原则，尽可能地反映事故的全部情况。

①事故发生单位概况。事故发生单位概况主要包含单位的全称、所处的地理位置、所有制形式和隶属关系、生产经营范围和规模、持有各类证照的情况、单位负责人的具体情况以及近期的生产经营状况等等。

②事故发生的时间、地点以及事故现场情况。报告事故发生的时间要具体，详细，精确到分钟。报告事故发生的地点要准确，除了事故发生的中心地点以外，还要包括事故所波及的区域。报告事故现场总体情况、现场人员伤亡情况，设备设施的损毁情况以及事故发生之前的现场情况。

③事故的简要经过。事故的简要经过是对事故整个过程的简单叙述。描述之前要做到前后衔接、脉络清晰、因果相连。

④人员伤亡和经济损失情况。针对人员伤亡情况的报告，要遵循实事求是的原则，不做毫无根据的猜测，不隐瞒真实的伤亡人数。把直接的经济损失作初步估算，有事故引起的建筑物的损毁、生产设备设施和仪器仪表的损坏等。因为人员伤亡的情况和经济损失情况会对事故的等级划分有直接的影响，为此在对事故的调查处理等后续重大问题作处理的时候，在报告情况的时候，要做到仔细认真，实事求是。

⑤已经采取的措施。已经采取的措施指的是事故现场的相关人员、事故单位负责人、已经接收到事故报告的安全生产部门为达到减轻损失、避免事故扩大和便于事故调查处理的目的，采取了一系列的应急救援和现场保护等措施。

⑥其他应当报告的情况。

（3）事故的应急处置

事故发生单位负责人在接收到事故报告以后，要立刻进行事故应急预案，或使用有效的措施，组织动员抢救，避免事故进一步扩大，从而达到减少人员伤亡和财产损失的目的。

事故发生地相关地方人民政府、安全生产监督管理部门和有着安全生产监督管理职责的相关部门在接到事故报告之后，其负责人要马上到事故现场，动员事故的救援。

事故发生以后，相关单位和人员要把事故现场以及相关证据保存好，所有单位和个人都不得破坏事故现场、毁灭相关证据。

由于要抢救人员、避免事故进一步扩大、疏通交通等，因此就要移动事故现场的物件。移动事故现场物件时，要做上标志，并绘制现场简图并作书面的记录，保存好现场的关键痕迹和物证。

事故发生地公安机关要按照事故的具体情况，对涉嫌犯罪的，要依法立案侦查，采用强制措施和侦查措施。犯罪嫌疑人逃跑的，公安机关要立刻将其抓捕。

3. 事故调查程序

事故调查处理要遵守实事求是、尊重科学的准则，要清楚明了地把事故的经过、原因和损失给找出来，查清事故的性质，认定事故的责任，归纳事故教训，而后商议整改措施，并依法对事故责任者追究责任。

具体内容主要为事故调查权、事故调查组的组成、事故调查组成员拥有的资格条件、事故调查组的职责、事故调查组的权利义务、事故调查的时限和事故调查报告的内容等等。所以，全面把握本节规定对事故调查工作的开展有着非常重要的作用。

(1)事故调查的组织

非常重大的事故一般都由国务院或者国务院授权给相关部门组织事故调查。重大事故、较大事故、一般事故主要分别由事故发生地省级人民政府、设区的市级人民政府、县级人民政府调查。省级人民政府、设区的市级人民政府、县级人民政府可直接动员事故调查组对事故进行调查，也可授权或委托相关的部门动员事故调查组进行调查。没有带来人员伤亡的事故，县级人民政府可以将其委托给事故发生单位组织事故调查组作调查。

事故性质严重的、社会影响比较大的，同一地域接连不断发生同类事故的，事故发生地忽视安全生产工作、不吸取事故教训的，社会和群众对下级政府调查的事故反响非常强烈的，对于上述这些情况，事故调查无法做到客观、公正等事故调查工作，上级人民政府可以调查由下级人民政府负责调查的事故。

事故调查工作应遵循"政府领导、分级负责"的准则,不论是哪个级的事故,它的事故调查工作均是由政府接手的;不论是政府直接进行事故调查,还是将其授权或委托给相关的部门组织事故调查,这些都是在政府的领导下,根据政府的名义开始的,是政府的调查行为,而不是部门的调查行为。

从事故发生的第一天起到 30 天以内(道路交通事故、火灾事故从发生起 7 日内),因为事故伤亡人数变化而引起的事故等级变化,要经由上级人民政府负责调查,或者上级人民政府还可另行组织事故调查组做出调查。

非常重大事故以下等级的事故,事故发生地和事故发生单位没有在同一个县级以上行政区域的,通常为事故发生地人民政府负责调查,事故发生单位所在地人民政府可派人参加。

(2)事故调查组的组成和职责

事故调查组的组成要依照精简、效能的准则。按照事故的详细情形,事故调查组主要组成部分为相关人民政府、安全生产监督管理部门、有着安全生产监督管理职责的相关部门、监察机关、公安机关以及工会派人,另外还可以邀请人民检察院派人参加。事故调查组可聘请相关的专家加入调查。

事故调查组的成员要遵循事故调查的行为属于职务行为,代表其所属的部门、单位来进行事故调查工作;事故调查组成员要遵从事故调查组的安排;事故调查组聘请的专家加入事故调查,也属于事故调查组的成员。事故调查组成员要具备事故调查所用到的知识及特长,并且和要调查的事故没有直接联系。

事故调查组组长是由负责事故调查的人民政府制定的。事故调查组长负责安排事故调查组的工作。由政府组织事故调查组进行事故调查的,其事故调查组组长则由负责组织事故调查的人民政府制定;由政府委托相关部门组织事故调查组进行事故调查的,其事故调查组组长也由负责组织事故调查的人民政府指定。由政府授权相关部门组织事故调查组进行事故调查的,其事故调查组组长确定可在授权时一起进行,也可以这样认为事故调查组组长可由相关人民政府制定,还可由授权组织事故调查组的相关部门制定。

事故调查组要承担的职责主要有:了解清楚事故的发生经过、原因、人员伤亡情况及直接经济损失;认定事故的性质和事故责任;对事故责任者提出处理建议;

归纳事故教训,并整理出防范和整改的策略;提交事故调查报告。

①查明事故发生的经过。事故发生之前,事故发生单位生产作业情况;事故发生的详细时间、地点;事故现场的情况以及事故现场保护的情况;事故发生之后所进行的应急处置措施情况;事故报告的主要经过;事故抢救和事故救援的具体状况;事故的善后处理状况;其他和事故发生经过相关的情形。

②查明事故发生的原因。事故发生的直接原因;事故发生的间接原因;事故发生的其他原因。

③人员伤亡情况。事故发生以前,事故发生单位生产作业人员的分布情况;事故发生之时人员涉险情况;事故当场人员伤亡状况以及人员失踪状况;事故抢救过程中的人员伤亡情况;最终伤亡状况;其他一些和事故发生相关的人员伤亡状况。

④事故的直接经济损失。人员伤亡以后要支付的费用,比如医疗费用、丧葬以及抚恤费用、补助以及救济费用、歇工工资等等;事故的善后处置费用,比如处理事故的事务性费用、现场抢救费用、现场清理费用、事故罚款及赔偿费用等等;事故所导致的财产损失费用,比如固定资产损失价值、流动资产损失价值等等。

⑤认定事故性质和事故责任分析。对事故进行调查分析,从而对事故的性质作出准确的论断。其中,对确定为自然事故(非责任事故或不可抗拒的事故)的,可不再确定或者追究事故责任人;对于确定为责任事故的,应根据责任的大小及承担责任的不同分别确定为直接责任者、主要责任者和领导责任制。

⑥对事故责任者的处理建议。对事故进行调查分析,在确定事故性质和责任的根本上,对事故责任者提出如下建议:行政处分、纪律处分、行政处罚、追究刑事责任、追究民事责任。

⑦总结事故教训。通过对事故调查分析,在确定事故性质和责任者的根本上,应归纳出事故的教训,具体为找出在安全生产管理、安全生产投入、安全生产条件等方面还有哪些比较薄弱的方面、漏洞和缺陷,而后根据问题找出源头并汲取教训。

⑧提出防范和整改措施。防范和整改措施是基于事故调查分析上对事故发生单位在安全生产方面的薄弱环节、漏洞、隐患等方面而提出来的,有着针对性、可操

作性、普遍适用性和时效性的特点。

⑨提交事故调查报告。事故调查报告是事故调查组在实行职责的基础上由事故调查组所完成的，它是事故调查工作成果的主要内容。事故调查报告主要是在事故调查组组长的带领下完成的；该报告的内容要符合《条例》中的规定，并且在规定的提交事故调查报告的时限内提出。

(3)事故调查组的职权和事故发生单位的义务

事故调查组有向有关单位和个人问询和事故相关的情况的权利，并且令其将相关的文件、资料准备出来，有关单位和个人不得拒绝。事故发生以后，单位的负责人和相关人员不能在调查期间离开，并要随时做好接受事故调查组询问的准备，提供真实的情况。在事故调查中，一经发现有涉嫌犯罪的情况，事故调查组要马上把有关的材料或其复印件交给司法机关处理。

在事故调查中要用到技术鉴定的，事故调查组需委派拥有国家规定资质的单位做出技术鉴定。特殊的时候，事故调查组还可委托专家作技术上的鉴定。技术鉴定用到的时间不会算入事故调查的期限。

(4)事故调查的纪律和期限

事故调查组成员在事故调查当中要做到诚信公正、恪尽职守，遵循事故调查组的纪律，保护事故调查的秘密。在没有经过事故调查组组长的允许，事故调查组成员严禁发布任何和事故相关的情况。

事故调查组需要在事故发生当天起截止到 60 天以内把事故调查报告给提交上来；在情况比较特别的时候，要得到负责事故调查的人民政府的批准，提交事故调查报告的时间才能够延长一定时间，但是所延长的时间不能超过 60 天。要用到技术鉴定的，技术鉴定的时间不算入其中，其提交事故调查报告的时间可以顺延。

4.事故处理与调查报告

事故调查组把事故调查报告交给负责组织事故调查的相关人民政府，这意味着事故调查工作落下帷幕。相关人民政府在《条例》制定的时间内批复，而后督促相关机关、单位落实批复，其中还有针对生产经营单位做出的行政处罚，针对事故责任人行政责任的追究以及整改措施的落实等等。

（1）事故调查报告的内容

事故调查报告内容主要有：

①事故发生单位的具体情况；

②事故发生经过和事故救援的主要情况；

③事故造成的人员伤亡和直接经济损失；

④事故发生的原因和事故性质；

⑤事故责任的认定以及对事故责任者的处理建议；

⑥事故防范和整改措施。

事故调查报告里要放入相关的证据材料，并且事故调查组成员要在事故调查报告上署名。在负责事故调查的人民政府收到事故调查报告后，事故调查工作完成。事故调查的相关资料要归入档案保管起来。

（2）事故调查报告的批复

事故调查组是针对调查某一个特殊的事故而暂且构成的，不论是相关人民政府开展的事故调查组，还是其授权或委派相关部门开展的事故调查组，其完成的事故调查报告需要得到相关人民政府批复，才具有效力从而被施行和落实。事故调查报告批复的主体是负责事故调查的人民政府。特别重大事故的调查报告需要国务院批复；重大事故、较大事故、一般事故的事故调查报告则分别由负责事故调查的有关省级人民政府、设区的市级人民政府、县级人民政府批复。

重大事故、较大事故、一般事故，负责事故调查的人民政府要在收到事故调查报告当天起截止到 15 天内作批复；特别重大的事故，要在 30 天内批复，遇到特殊的状况时，批复的期限可有所延长，但是所延长的期限不能超出 30 天。

有关机关要根据人民政府的批复，根据法律、行政法规规定的权限和程序，对事故发生单位和相关人员作出行政处罚，对要承担事故责任的国家工作人员作处分。事故发生单位要根据负责事故调查的人民政府的批复，处置本单位的事故责任人。

相关人民政府在对事故调查报告进行批复以后，开展事故调查的安全生产监督管理部门要把事故调查报告或其节录本抄送给事故责任单位和人员，并且要依法告知相关部门及人员所拥有的对行政复议、行政诉讼权利和期限。

负有事故责任的人员如果有犯罪的行为,要依法查办其刑事责任。

(3)事故调查报告中防范和整改措施的落实及其监督

事故调查处理的主要宗旨是防范和降低事故。事故调查组要在事故中了解事故的经过、查清导致事故的原因以及事故的性质,归纳事故教训,而后在事故调查报告中商议出防范和整改的措施。事故发生单位要从中吸取事故教训,全面施行防范和整改措施,预防事故再次发生。防范和整改措施的落实情况要受到工会和职工的监督。

安全生产监督管理部门和负有安全生产监督管理职责的有关部门,要对事故发生单位负责实施防范和整改措施的情况作监督检查。事故处理的具体情况会经由负责事故调查的人民政府或其授权的相关部门、机构对社会公布,依法要保密的不包含其中。

第5章 现代土木工程安全事故实践分析

工程指的是人们为了提高生活水平而进行的物化劳动的过程。因此工程除了包含科学技术知识的使用外，还要考虑管理、人文和道德层面上的因素。总体来说，工程是一个多样化的社会实践的过程。社会的工程实践比形成科学的系统的时间更早，工程实践就是科学技术出现的推动力。传统的工程实践的评判依据一般是基于多年经验。主要的原因就是对象的复杂性和人们认识的局限性。本章主要对地基基础工程安全事故实践，房屋建筑工程安全事故实践，路面工程施工安全事故实践，桥梁、隧道施工安全事故实践进行了分析。

5.1 地基基础工程安全事故实践分析

5.1.1 地基软弱下卧层的问题

1. 某九层框架建筑物墙体开裂与处理

（1）基本案情

一个九层高的框架建筑物，建设完成后，短时间就出现了墙体开裂的问题，最大的建筑物沉降达到了58cm，中间沉降较大，两边相对较小，这个问题是怎么出现的呢？如今应该怎样解决这个问题？这两个问题是现在大家关注的重点。

随后调查显示，这个建筑物是一箱基基础上的框架结构，原场地中存在着厚度达到 9.5～18.4m 的软土层,3～8m 的细沙层存在于软土层表面,图 5-1 为地质剖面。设计者采用了将细砂层面上回填砂石并碾压密实的方法,箱基的持力层就是这个碾压层。从基础施工到装饰竣工共一年半时间,其基础最大的沉降达到了58cm,因为沉降差比较大,导致了上部结构出现了裂缝,如图 5-2 所示。

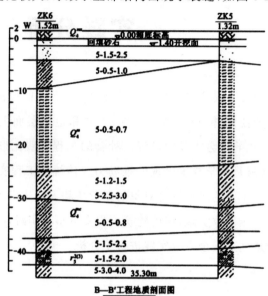

图 5-1　工程地质剖面图

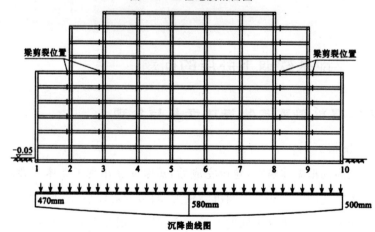

图 5-2　建筑物沉降与裂缝分布示意图

(2)原因分析

由上述可知,这个案例出现了过大的沉降,对上层结构的安全造成威胁,主要是因为没有对地基承载力进行深入了解。地基承载力由基础应力影响所涉及的受力范围所决定。不只是基础底部附近的土体承载力。与此同时,地基承载力应该包含两个方面:一是地基强度稳定,二是地基变形。这个工程基础长×宽为60m×20m,其应力对地基下部的软土层产生了影响,上部结构荷载使下软土出现固结沉降,一段时间过去,沉降越来越严重,估计总沉降量会达到100cm,并且上部结构的刚度也存在不均匀性,结构刚度的突变会导致裂缝的出现。

(3)事故处理

这个工程需要加固地基,适合使用静压预制混凝土桩方法。在设计时需要注意桩土的共同作用,并且需要考虑好如今地基已经承受了一些荷载,加固的桩基只是需要承担一部分荷载就可以,却不需要设计成由于加固桩完全承载荷载,进而达到节约原料的目标。

(4)经验与教训

①地基的承载力需要了解卧软土层的承受能力,地基进行设计时也要进行沉降试验,特别是场地有软弱土层的地基,一定要进行沉降试验。

②这种地基的加固设计需要了解已经存在的土体起到的作用,已经承担了一些荷载,设计的加固桩应该和地基一起承担部分荷载,进而达到更加适合的设计。

2.某水厂水池群地基不均匀沉降与处理

(1)工程概况

水厂每个水池的平面布置如图 5-3 所示,水池建设完成后充水使用,充水过后的一段时间,发现水池有比较严重的沉降出现,总沉降量如表 5-1 所示。典型的沉降如图 5-4、图 5-5 所示。因为沉降比较大并且很不均匀,所以需要立刻放水。找出沉降和其不均匀性的原因,制定出恢复方案。

(2)场地地质与处理情况调查

通过调查,场地中的典型的地质剖面如图 5-6 所示。场地的表层填土层的厚度大约为 3.5m,填土层的下面是深厚的淤泥质土层。

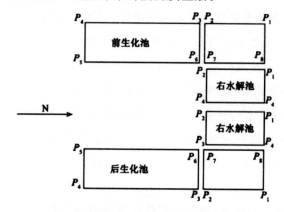

图 5-3   水池平面布置和沉降观测布置图

表 5-1   实测累计沉降量 （单位:mm）

水 解 池	观测点							
	右侧	88	104	81	75			
	左侧	148	189	108	90			
生 化 池	观测点							
	右侧	178	189	187	41	48	192	185	140
	左侧	100	176	179	60	81	248	248	146

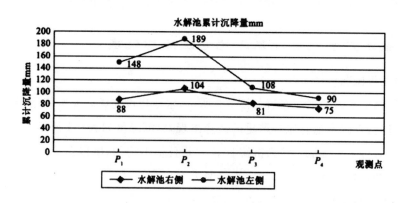

图 5-4   实测水解池累计沉降

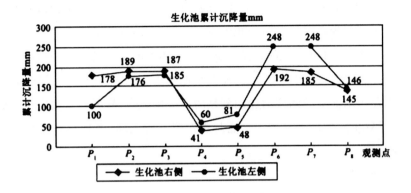

图 5-5　实测生化池累计沉降

这个工程开始采用深层搅拌桩复合地基,搅拌桩的直径是 600mm,布置成矩形,间距为 1.0m,桩长为 6m,地基承载力需要通过现场压板试验检测,得到的地基承载力特征值要高于 150kPa。在实际进行时,地基处理方案改为强夯处理填土层并且通过现场原位压板检测,在检测到的承载力合格后进行施工。

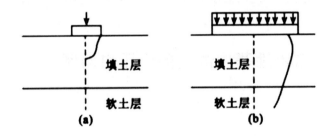

图 5-6　尺寸效应下卧软层

(3)沉降及不均匀沉降原因分析

原地基通过强夯压实,同时进行现场的原位压板试验,结果也是合格的,但建筑施工后却出现了不仅大而且不均匀的沉降,是因为什么呢?

通过对已经看到的沉降的部分的情况分析,水池出现沉降主要是由于下卧软土层的固结沉降引起的,现在沉降还没有完成。由于应力叠加相互影响使两个水池紧靠的地方有着最大的沉降量,如图 5-4、图 5-5 所示。

在进行压板静载检验试验时,地基具有符合要求的承载力,并且沉降比较小,但是什么导致实际施工后的沉降远超试验时的沉降呢？原因是压板试验的尺寸比较小，普通地基压板荷载试验时压板的直径为 0.79m，它的应力影响的深度是有限的，当应力影响在 3 倍尺寸范围内时，压板试验测得的主要是在强夯后压实的填土层的承载力却不能体现软弱下卧层，而在水池真正施工时，其尺寸比试验时的尺寸大得多，因此当水池荷载的应力作用到软弱下卧层，使得软弱下卧层出现变形。由此可知下卧软土层的沉降导致了水池荷载作用下的沉降，并且在应力叠加的区域的沉降最大。

（4）经验与教训

设计人员对力学的相关概念应该有一定的了解，不能盲目信任原位试验结果，应该明确了解试验与实际建筑物边界的相同点与不同点，将试验结果合理地运用，了解试验有一定的局限性，其中尺寸效应对结果有影响，这是在施工过程中遇到软弱下卧层时应了解的问题，上面这类存在软弱下卧层的情况采用压板试验的结果是不对的，而且也存在安全隐患。

当下卧层是硬层时，使用上述试验得到的结果又有些保守，因此在测试上部软层的承载力时，可以使用压板试验，但测量下部硬层时此方法是不合适的。

5.1.2　软土地基中的侧向土压力问题

1.案例介绍

一个工程的挡土墙，高 8m，墙体采用浆砌石，墙后场地填土作为建筑用地，墙底有大概厚为 3m 的软土层没有除掉，挡土墙比较重，软土的承载力一般不足以达到要求，所以需要使用基础处理，基础处理使用松木桩基础，其长为 4m。挡土墙进行施工的过程中一边砌筑一边填筑墙后的填土。当挡土墙和填土都达到 4m 时，墙体出现了显著侧移，测量结果显示墙体平面的中部已经出现了 20cm 的水平位移，挡土墙位移后的照片如图 5-7 所示。挡土墙的预期高度只达到了一半，还有一半没有达到，如果继续施工，恐怕会出现更严重的变形。因此，这个问题一出现，就应暂时停止工程施工，在对出现该问题的原因进行充分了解后再提出继续施工方案。

图 5-7　墙体侧移的情况

2. 原因分析

很明显,墙体出现侧移是由于侧向土的压力导致的,设计挡土墙时,将其设定成 8m,但只施工了一半就出现了显著的变形,这么大的水平压力是哪里来的呢?经过分析后得知,其侧向压力主要是填土向软土层施加的,最终推动木桩,导致墙体侧移。通常只计算挡土墙基础面之上填土产生的对挡土墙的侧压力,不计算填土对挡土墙基础下软土的侧压力。事实上,因为软土的侧压力比较大,填土的侧压力比较小,并且软土在底部,填土的荷载较大,填土荷载导致软土层比填土层的侧压力大,又由于木桩基础对垂直荷载的适应性较强,但对水平荷载的适应性较差,所以在软土的侧压力导致墙体发生了侧移。

3. 处理方案

挡土墙还有一半没有进行施工,找到墙体出现侧移的原因之后,需要对该原因进行处理。挡土墙后的填土已经填完了一半,很难将软土的垂直处理进行完全。因为墙体的侧移主要是由于软土的侧压力导致的,因此在挡土墙外侧加上一定数量的混凝土钻孔桩来分担水平力,在桩顶部加上一个混凝土连系梁,使连系梁和挡土墙进行接触,分担墙后进一步填土带来的侧压力。挡土桩直径 0.8m,间距 0.

9m，桩长 8m。该方法施工完后的效果如图 5-8 所示。可以看出实施完成后，墙体没有出现新的显著变形，因此对发生侧移的原因分析是正确的，并且随后的提出的实施方案也是合理的。

图 5-8　处理后完建的挡土墙

4. 经验与教训

使用木桩对挡土墙基础地基进行处理因其具有方便施工，成本较低的优点而在软土层不是很厚的工程中使用频率较高。然而如果墙后有新填土荷载，它在软土层产生的侧压力较大，其数值有时大于填土层的压力，导致挡土墙出现侧移现象。因此设计时不能只考虑填土层对挡土墙产生的侧压力，还要考虑填土在软土层中产生的侧压力对墙体的作用。

5.1.3　软土地基中基坑开挖对工程桩的影响

1. 案例介绍

一工程基础开挖后出现了工程桩倾斜的状况出现，如图 5-9 所示。从下图中可以看出，工程桩的倾斜程度比较严重，已经对垂直受力的能力造成了影响。因此需要对斜桩情况出现的原因进行了解，评价斜桩是否能够继续使用，并对其进行处理，防止工程桩再次倾斜，同时对该工程桩进行补救。

图 5-9　基础开挖后工程桩倾斜的情况

2.桩倾斜的原因分析

桩出现倾斜最主要的原因就是场地中多为软土地基,但工程桩是在还没有进行开挖之前就已经施工完成了的,基础土体开挖时形成的坡面较陡,或者是临空面过高,让土压力不平衡,软土侧面出现了侧向的移动,带着桩基向侧面移动,如图 5-10(a)、(b)所示。这是在软土地基里出现的土方开挖时经常遇到的问题。特别是软土地基的基坑开挖问题更是频繁出现。

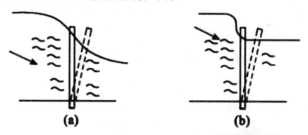

图 5-10　软土地基开挖引起工程桩的倾斜

3.预防对策

想要避免这种这种情况的发生,一般有下面几种办法:第一,挖开土方后再施工工程桩,然而这种办法会使工程桩不容易建造;第二,选择分层土方开挖,让开挖面不能形成高度较高还比较陡峭的土坡和临空面。这是部分地基规范中规定的开挖分层的高度不应该超过1m的原因;第三,在工程桩的四周选取格构式的搅拌桩围封,保护工程桩。

4.研究课题

目前全新的研究课题为软土地基里基坑开挖对工程桩的影响,指的是因为软土的移动从而经工程桩向侧面推动,大家将此类被动受力的桩称之为被动桩,用来和主动桩(一般是指土体不移动但桩顶受到集中水平力作用)。很少有用于计算分析被动桩的模型,通常使用的方法有杨光华的简化分析方法和 Poulous 方法等。该课题的研究十分有意义,在边坡处理、高桩码头、桥头桩基等工程的施工过程中会频繁使用到,然而这些方发还没有被广泛认可和应用。

5.1.4 地基的变形协调问题

1.常见案例

在很多水利工程的进行堤防时,通常会存在很多穿过堤坝的涵洞,因为变形不统一出现了安全威胁,如图 5-11、图 5-12 所示。因为河岸周围通常都是软弱地基,但堤防中填土对于涵洞上的荷载一般比较大,所以,通常涵洞下方软土地基的承载力都是不合格的,所以需要在涵洞下使用混凝土桩基进行处理,来确保涵洞的使用过程不会出现问题。但是普通的混凝土桩基的底部都会放在承受力比较高的持力层上,因此,涵洞往往不会出现较大程度的沉降,然而涵洞两边的填土比较多,在填土荷载作用下的沉降比涵洞结构的沉降大得多,因此会出现下面几个问题:

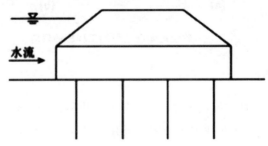

图 5-11 常见水利涵洞的剖面图

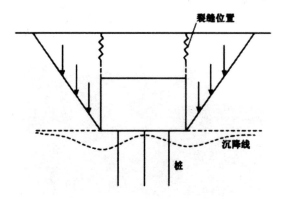

图 5-12　水利涵洞沉降和裂缝

（1）堤顶会出现裂缝，如图 5-13 所示，而图 5-14 能够看到涵洞位置处的沉降要小于涵洞两边的沉降。

（2）能在涵洞低的边角处出现底板脱空，进而出现集中渗流的通道，如果突然暴发洪水出现管就会严重威胁坝身的安全，图 5-15 是一水闸两侧被冲垮后导致的重大自然灾害。

（3）给侧面的桩带来负摩擦力的影响，因为涵侧边土的降低比较严重，与桩的降低相比，其降低更为严重，因此可能给桩带来负摩擦力。

图 5-13　水利涵洞顶部的裂缝

图 5-14 涵洞两侧的沉降大于涵洞位置处的沉降

图 5-15 水闸两侧堤坝被冲垮

还有在软土地基上的部分高速公路涵洞,在对涵洞基础使用太过刚性的地基处理的过程中(见图 5-16),涵洞的降低量将逐渐降低,同时它两边范围内的降低量增多,导致沉降不均匀,从而在车辆的正常行驶时产生安全隐患,如图 5-17 所示。

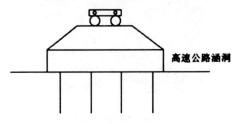

图 5-16 常见高速公路涵洞剖面图

图 5-17　涵洞两侧路基沉降导致公路涵洞处隆起

在建筑工程中经常会出现变形不统一的情况,主要原因是大家对建筑物的安全较为重视,一般采取良好的地基处理,但是对于建筑的附近范围内的场地却不做任何处理,因此在附近范围内存在填土荷载的时候,时间越长,软土地基会随之出现沉降,一般会导致地面出现比较严重的沉降,令建筑物有比较大的沉降差距,使得在这个范围内的管道的连接遭到损害,如图 5-18 所示。

图 5-18　室内外地面不均匀沉降

2.经验与教训

地基处理除了对主体结构的安全和变形程度的保证外,同时还要观察周围介质的沉降变形与其是否一致,这是很多软土地基结构设计中可能会产生的问题,因此需要具有合理的地基基础设计的观念,在控制设计时使用变形方式,这是以后对此种影响进行消除的一种主要的方法。

5.2 房屋建筑工程安全事故实践分析

5.2.1 案例一

1.工程事故概况

一个厂房的结构是单层三跨砖混结构,外墙是承重墙,厚度为370mm,两列配筋承重砖柱在中间,尺寸是720mm×300mm,屋盖采用混凝土、钢筋装配式结构。施工阶段出现了部分结构坍塌的现象,最初有3个柱倒塌,随后一榀纵向梁、墙体及屋盖逐渐坍塌,总面积在400m² 左右。

2.事故原因分析

通过实地调查分析,能够了解到导致坍塌的原因主要有以下几个方面:

(1)部分屋盖存在重大超载现象。

(2)砖的强度不能达到实际要求,设计需要使用的砖是Mu10,事实上采用的砖不足Mu5,这使得砌体的强度达不到设计的需求。

(3)施工单位私自对设计进行了更改,撤销了原来设计里存在的钢筋网,设计师要求顺着柱高每隔120mm的砖柱水平缝内安装一层双向钢筋网,尺寸为φ6@50,在进行施工时被施工单位完全撤销,导致柱在承重方面的能力下降了约40%。

3.事故处理措施

(1)把坍塌过后的砖柱更改为钢筋混凝土柱,其尺寸是500mm×400mm,混凝土强度的等级要达到C30。

(2)没有坍塌的砖柱采用4∟75×8角钢外加固,角钢中间使用扁钢构成一个整体。

(3)根据最初设计对屋顶进行修复。

5.2.2 案例二

1.工程事故概况

一个工厂发生了火灾,原因是在生产时出现了电路短路的情况。严重损坏了一个生产车间中钢筋混凝土梁、板和其他构件。Ⅰ类烧伤的梁板混凝土保护层出现了大范围掉落的现象,有 60% 以上的面积露筋,而过火的面积大于 95%,混凝土碳化的深度大约为 60mm,严重损坏了钢筋和混凝土黏结,预计钢筋强度也会降低 1/3 左右;Ⅱ类烧伤的梁板结构,局部保护层的混凝土掉落,碳化的深度约为 25mm,钢筋强度也存在降低的现象;Ⅲ类烧伤的构件混凝土碳化的深度约为 20mm。

2.事故原因

车间工人在进行生产时,出现了比较重大的错误,使得电路短路,从而造成了火灾。

3.事故处理措施

通过进行实际调查分析,在对建筑物进行处理时,需要使用混凝土加固技术加固建筑物,其施工的具体过程如下所述:

(1)消除全部烧伤的梁板中已经炭化了的部分。

(2)对于Ⅰ类的烧伤板应增加钢筋 40%,新增的受力钢筋需要的尺寸是 $\phi8@100$。板底需要喷射 C30 细石混凝土,喷射厚度根据 15mm 钢筋保护层的需要进行操作。对于Ⅱ类烧伤板增加 20% 的受力钢筋,新增的受力钢筋需要的尺寸为 $\phi6@200$,将 15~25mm 的厚细石混凝土喷射到板底。

(3)对于Ⅰ类烧伤梁增加 $4\phi5$ 纵向主筋,和之前的筋相连接,其中间的距离为 500mm,将尺寸为 50~70mm 的 C30 强度的级细石钢纤维增强混凝图,梁两边喷射细石混凝土,要求比之前的梁厚 15mm。对于Ⅱ类烧伤的梁,增加 $2\phi25$ 的纵向主筋,和之前的主筋进行连接,间距定为 500mm,同时在梁的底部喷射尺寸为 30~40mm 的 C30 细石混凝土,梁的两面喷射细石混凝土,要求比之前的梁厚 10mm。

(4)在进行施工时需要使用 0.4m³ 的单罐式喷射机,首先要对主、次梁的底面进行施工,然后对主、次梁的侧面和楼板的底面进行施工,同时在进行底面的喷射之前要先对梁周边建立模型,在进行梁周边的喷射时,需要在梁底面建立模型,目的是确保梁棱角的完整程度。

(5)细石混凝图的配合比是水∶水泥∶砂∶细石＝0.5∶1∶1.5∶2.5。同时向其中添加速凝剂,约占水泥质量的 3.5%;钢纤维提升混凝土里钢纤维直径是 0.35mm,长度为 15mm,每立方米混凝土中加入 39kg。

5.2.3 案例三

1.工程事故概况

某个单层厂房的跨度为 20m,屋架使用薄腹屋面梁,混凝土强度的等级是 C35。屋面梁使用平卧方法重复建造,翻身扶正时第一榀屋面梁产生比较重大的开裂情况,上弦有 5 个裂缝,它们中间最小的间距是 350mm,最大的裂缝宽度是 0.45mm。屋面梁端部周围存在斜裂缝,共 3 个,裂缝最高的宽度是 0.25mm。

2.裂缝原因分析

(1)最初的设计要求屋面在距端部 3000mm 处设置双吊环,屋面梁建设时又在距跨中 2500mm 处添加了一对吊环。导致屋面梁翻身扶正时受力不均匀,又因为屋面梁的刚度比较小,所以产生了裂缝。

(2)屋面梁重复建设,隔离层质量出现问题。产生的原因主要是靠左边的梁与下层之间的隔离不够好,存在较大的黏结力,在起吊时,应该事先凿开部分黏结的两榀梁。在翻身起吊的时候,梁的左半部分脱离的相当慢,这几乎等于在上弦侧向施加了一个较大的剪力和弯矩。

3.事故处理措施

(1)开裂的屋面梁

凿去开裂屋面梁上翼大概 6m 长的混凝土段,然后整理好钢筋,并充分润湿原有混凝土的连接处,同时浇捣 C40 强度等级的混凝土,并进行 14 天的浇水养护。

(2)屋面梁端部斜裂缝

在屋面梁斜裂缝区和两端都超出 200mm 的区域里添加箍筋,计算其数量时应根据实际所受的所有剪力来进行,也就是不对混凝土截面与原有的钢箍作用进行思量。添加的箍筋是双肢箍 ϕ8@150。在进行施工时,要首先凿毛梁侧混凝土的表面,凿去下弦底面以及两做网站的保护层,落实添加箍筋的安装以后,覆盖时使用 C40 强度等级的喷身混凝土。

5.2.4　案例四

1.工程事故概况

某混合结构的综合楼,共 5 层,其承重墙为纵墙,内、外墙的厚度分别为180mm 和 240mm,三合土基础,现浇钢筋混凝土肋形楼盖。这项工程的第二层楼盖钢筋混凝土于 2008 年 6 月底进行浇捣,第三层楼盖钢筋混凝土于 7 月初进行浇捣,2008 年 9 月完成主体结构。但是在 2009 年 1 月对其进行装饰工程时,发现在大梁的两侧,混凝土楼板的上部混凝土都出现了裂缝,并且裂缝的方向与大梁是平行的。将部分混凝土凿去并进行检查,发现板内负钢筋被踩下。随即施工人员决定对楼板进行加固,定于 4 月初开始施工,原设计的板厚为 80mm,现增加到 100mm。

大梁裂缝具有以下几个特征:

(1)裂缝的分布与数量:裂缝在梁的两端较为密集,且数量巨大,在跨中的地方裂缝相对较少,大概在每榀梁有 8～20 条裂缝,在梁主筋截断处附近都有裂缝出现。

(2)裂缝方向:大多数是斜裂缝,裂缝的倾角在 50°～60° 之间,只有极少数为35° 左右,在跨中的裂缝则为竖向。

(3)裂缝位置:裂缝通常位于梁的中性轴以下到受拉纵筋的边际,存在少量的裂缝已经贯通梁的全高。

(4)裂缝宽度:梁两端有非常宽的裂缝,为 0.5～1.2mm,跨中附近的裂缝则非常窄,为 0.1～0.5mm。

(5)裂缝深度:梁宽通常比 1/3 小,少量的裂缝从大梁的两面穿过。

2. 裂缝原因分析

专家实地考察完现场以后,全都认为,这种事故与施工、设计都存在着直拉的联系,然而要承担主要责任的是施工单位,详细缘由体现在以下方面:

(1)施工方面的问题

①在对混凝土进行浇筑时,施工人员踩下板中的负弯矩钢筋,这严重违背了设计要求与施工规范,是导致板与梁连接处周围产生通长裂缝的重要缘由。

②裂缝产生以后,通过使用添加 20mm 厚的板的手段对其进行加固,导致加大了梁的自重荷载,从而使大梁的开裂变得更加严重。

③混凝土单方使用的水泥的量过于少,1 立方米混凝土只使用 205kg 的水泥,这与如今实行的规范规定大于等于 250kg/m^3 差得非常远。

④浇筑第二层楼盖 2.5h 以后,即刻将脚手板铺设于新浇楼板上,并堆积放置大量的砂浆、砖,而且还对上层的砖墙进行砌筑,施工荷载超载与早龄期混凝土遭受震动是导致事故产生的关键缘由之一。

⑤混凝土有较低的强度:混凝土的质量非常不好,在进行混凝土的浇筑时,由于振动不充分,养护得不好、在实施浇筑时没有清除干净模板里的杂物,这降低了混凝土的强度,未满足设计的要求。

(2)设计方面的问题

①设计单位未全方位的思量施工单位加厚楼板或许导致的不利因素,并对施工单位的做法没有任何意见。比如,由于增加了板的厚度,从而提升了梁 $L_{1～7}$ 的设计荷载,从 15.8kN/m 提升至 18.3kN/m,通过对其进行再一次的验算,少配了10.3%的梁内主筋,这是跨中出现竖向裂缝的缘由之一;因为加厚了楼板,使得梁内剪力增加极其显著,剪力设计值大约是无腹筋截面的抗剪强度的 1.8 倍,所以有斜裂缝出现于梁上。因为有这些问题出现在设计中,同时,又由于施工的混凝土未符合设计的条件,所以,梁出现开裂则是毋庸置疑的。

②梁箍筋之间的距离过于大。规范规定:当梁的高是 500mm 时,箍筋的间距

最大是 200mm,但这个工程的梁箍筋是 ϕ6@300。所以,即使思量箍筋后的截面抗剪强度稍微比设计剪力值大,然而因箍筋间有非常大的间距,导致箍筋之间的混凝土有裂缝产生,这是产生 50°～60°斜裂缝的关键缘由,如图 5-19 所示。

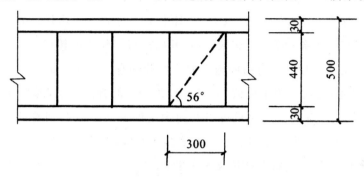

图 5-19　梁 $L_{1\sim7}$ 局部配筋图

3.事故处理措施

因为有众多的斜裂缝出现于梁 $L_{1\sim7}$ 上,其宽度特别大,极有导致截面脆性断裂的可能出现,务必要马上实施加固处理。实施加固的主要事项如下:$L_{1\sim7}$ 通过使用钢筋混凝土"U"形截面外包,外包梁一端支承在紧挨窗间墙的钢筋混凝土柱上,另一端支承于内纵墙上。增大钢筋混凝土柱下原先的基础或者增加 1：3 的水泥砂浆。

5.3　路面工程施工安全事故实践分析

5.3.1　案例一

2000 年 4 月 25 日,某项目经理部在实施路基碾压时,出现了一件压路机倾翻的事件,死亡 1 人。

1.事故经过

某项目经理部在落实了施工任务内部定额承包制之后,所有工区均对机械设备的日常维护保养有了众多的关注,所以,修理班就会有极少的工作任务。导致修理班呈现一种人员多任务少的局面,自然,收入也就非常少了。

2000年4月中旬,项目经理部的领导决定变换原修理班职工B的职位,指派其去路基机械作业队开压路机。4月25日中午大约11:00,也就是B无证驾驶压路机10天以后,B将一段路实施碾压后,开始进行工作面的转移。由于正在建立的路基没有贯通,因此,唯有借助施工便道实施转移。又由于从路基至施工便道(3m)之间坡道(也属于施工便道)方向与B将要去的方向互反,因此,B唯有开着压路机倒下坡道,以确保压路机可以开向预定的方向。当B朝着坡道倒至一半时,因打错了转向盘的方向,招致压路机发生了翻倾,驾驶室落在地面上(碾压轮朝上)并发生了变形,当场将B挤压丧失了生命。

2.事故原因分析

(1)直接原因

①驾驶压路机的工作人员没有压路机准操证,没有受到过压路机作业理论与实际操作培训,操作技术的水准非常低。

②项目经理部领导违反规章制度派遣不存在特种作业准操证的人员对压路机进行驾驶这种特种作业。

③包含坡道在内的施工现场便道无法达到压路正常运行的标准,宽度太窄,坡度太大。

(2)间接原因

①项目经理部领导对安全法律、法规意识薄弱,未重视安全,仅重视生产。

②项目经理部把安全管理规章制度当作一种形式,无法充分展现其功能与作用。

5.3.2 案例二

2001年11月26日,某公路工程处于KS路二桥实施钻孔桩操作时,导致发生了一件钻机传动轴的绞人事件,结果有1人丧失了生命。

1.事故经过

2001 年 11 月 26 日下午大约 15:00,KS 路二桥某钻孔桩工程在实施时(由该工程处承包,CL 建筑工程公司担任施工),泥浆泵发生了毛病,钻机停止了转动。钻机队的负责人 D 与 G 等人至现场维修,直至晚上大约 8:00 才整修完毕。修理人员决定要回驻地吃饭。D 派遣 G 留在工地现场监督钻机(因为 G 夜间要上班),并且,还指派其他人员到现场给 G 送晚饭。而后,负责人 D 就同其他人员回驻地食堂吃饭了。大约 8:40 左右,吃过饭决定要开始上夜班的另两名工人,一前一后回到了工地开始上班,首先到达钻孔桩现场的这名工人 GX(每天派遣 3 人,其中有 G)看到了已被钻机传动轴绞死的 G。GX 马上关闭了电源,并且叫人把 G 的尸体移至一旁。通过鉴定,G 的双腿被绞断,左臂发生断裂,当场丧失了生命。

2.事故原因分析

(1)直接原因

①通过对现场进行分析与鉴定(涵盖公安机关的查证,没有他杀的嫌疑),G 在传动轴跨越时,因为某些原因,使身体失去了重心,骑到了传动轴上,在传动轴将 G 的裤子绞住的同时,也把其一块绞在了传动轴上,导致绞断了 G 的两条腿,左臂发生断裂,当场丢失了性命。

②机械本身的弊端:在传动轴上未设立安全防护罩,并且无禁止人员在传动轴上跨越的防护策略。

(2)间接原因

①负责工程的单位在将工程承包给 CL 建筑工程公司施工以后,由于没有对其实施全面的安全控制、管理,也没有对其给予一定的安全指导、教育、检查,未监督其修正施工现场隐含的安全威胁,也未检查整改的成果,而是以包代管,在安全生产上,听之任之。

②钻机队没有制定种种安全生产的制度、策略,没有按照相关规定对职工实施安全教育培训,最终导致现场一片混乱,操作人员安全意识薄弱。

③钻机队技术负责人兼安全员 D、对钻机进行整修的人员未存有安全意识,没有为钻机传动轴设立防护装置,视而不见,给事故的发生留下了祸患。

5.3.3　案例三

2000 年 7 月 31 日某公路工程处的项目经理部在实施现浇箱梁操作时,导致发生一件预压支架倒塌的事故,使多人受到了轻伤。

1.事故经过

2000 年 7 月 31 日下午,该项目经理部领导 9 名民工开始实施现浇箱梁支架的预压加载作业。这 9 名民工从支架一侧排开,将预压沙袋放置在附近,大概下午 16:30,支架忽然发生了倒塌,在支架上的所有作业人员均跌落了下来。因为与地面相距很近,而且压沙袋也发挥了其保护的功能,这 9 名作业人员也都仅受了点小伤。

2.事故原因分析

(1)直接原因

①操作人员没有根据施工设计要求放置预压沙袋,加剧了预压重心的偏离。

②支架架体原本就不紧固,有些立杆就直接在没有通过处理的地面上竖立,没有铺设垫板,极少数立杆还挂在半空中;杆件间绑扎不牢固,间距非常大。

上述两个前提都有了,于是就发生了支架坍塌、人员跌落的现象。

(2)间接原因

①施工现场无领导与督促农民工作操作的技术人员,农民工没有接受过支架预压施工的教育,对这项作业的安全规定一无所知。

②这个项目经理没有对预压支架执行核收操作,就进行加载作业。

③没有全方位对现场安全监督进行查看。

5.4　桥梁、隧道施工安全事故实践分析

5.4.1　桥梁施工安全事故实践分析

1.围堰倾覆案例

(1)桥梁概况及事故经过

天津彩虹大桥是根据一级汽车专用公路进行修建的,两个方向四车道,总长度为 4.565km。其主桥长度为 504m,宽度为 29m。这个桥设计是使用 3×168m 下承式无推力钢管混凝土拱桥。引桥长度为 712m,宽度为 27m,使用 2 孔 50m 现浇梁和 25 孔 25m 预制梁,该工程的总成本大约为 3.4 亿元。

高潮位时,正于清基准备对混土垫层的大桥 12 号墩进行明浇时,钢板桩围堰的钢板桩周围地区忽然向里倾倒,许多泥沙、海水进入基础,工人漂至水面,有 2 人遭遇灾难;38 根已成桩全被从承台底下大致 7m 的地方压断,向里倾塌,仅剩 2 根桩没有任何损坏。

(2)主要原因

①未仔细分析地质的状况,没有按相同的标准对待,锚固段非常浅。

②未对工况安稳等重要数据仔细进行计算以此来引导施工。

③第 3 层支撑没有足够的刚度。

④下部没有支撑的范围非常大,钢板桩未能抵挡土、外部水的侧压力,由此失去了稳定。

⑤未将钢板桩与平撑焊紧,整体的受力体系没有出现。

2.桥墩事故案例

(1)钢筋笼坍塌

①事故概况

广东佛山××大桥江中桥墩已经灌注了12高,落实钢筋笼决定清渣安模前,钢筋笼突然出现坍塌,最终2人丧失了生命。

②主要原因

· 原因之一是抵挡风的策略不得当,即使存在浪风索,然而没有锚固牢靠。

· 钢筋笼的横向临时缺乏充分的支撑。

· 钢筋笼的钢筋接头断面比较单薄。

(2)墩身模板爆模

①事故概况

福厦铁路龙江特大桥主桥为跨度(80+3×144+80)m连续梁,4个主墩都是16Φ2.5m钻孔桩群桩基础。在进行混凝土浇时,大桥11号墩墩身模板爆模,使正处于施工状态的3名作业人员坠落丧失生命。

②原因分析

由于浇筑混凝土的速度非常迅速,超出了模板的受力范围,使得底面区域爆模。

(3)模板坍塌

①事故概况

天兴洲长江大桥是第二座公铁两种用途的桥,是武汉的第六座长江大桥。主桥长度是4657m,主跨504m,公路引线全长为8043m,铁路引线全长为60.3km,整个桥一共有91个桥墩,投资费用为110多亿元。2007年11月19日,处于施工状态中的天兴洲大桥铁路引桥10号桥墩,使用泵送混凝土对墩身实施第2次灌注,当灌到15m时,墩身模板猛然倒塌,施工现场有5人坠地,2人受伤,1人死亡。

②主要原因

· 没有对一次灌注墩身的高度进行严格细致周全的检验与计算,当灌注到达9m的时候,混凝土的压力已经超压。

·灌注的速度已经超过了标准,根据要求应该≤1m/h,事实达到 3m/h。

3.支架垮塌事故案例

(1)广东韶关白桥坑大桥

①事故概况

白桥坑大桥桥的长度为 163m,宽为 12m,跨度为 100m,是单跨箱型混凝土拱桥,是特大型桥,从山谷底到桥拱顶的垂直高度为 74m。原来设计是预制,后来改为现浇。在对大桥实施箱型底板混凝土浇筑的过程中,桥梁模板支架瞬间发生坍塌,导致在桥面上施工的人员坠进 74m 深的沟底,酿成 32 人死亡,17 人重伤的特大型事故,直接导致 360 万元受到损失。

②原因分析

·使用的施工方法没有经过原来的设计单位,未对大桥施工方案及其施工组织设计进行编制。安装完大桥支架以后,没有根据《公路工程施工安全技术规程》规定的要求实施荷载或预压试验,也没有经过验收就进行使用。

·施工支架的结构形式不符合实际:未分析及科学地计算支架整体结构的受力,使用的门式结构不能形成稳定的结构。超常规采用 58.02m 跨度单层贝雷桁架作为主梁但没有经过设计计算,而且又未实施什么有效的结构策略,致使在现实施工时贝雷梁挠度值是允许挠度值的 7 倍多,超出钢材的屈服极限,由此引起支架整体结构遭到损坏。

·施工方法不正确:因单独完整的施工组织设计不存在,施工没有根据施工技术规范规定的分环分段浇注实施;在进行实际的浇注时,加载不对称、不均衡,导致整个支架没有达到一种均衡的状态。最后使支架失去稳定而出现倒塌。

·施工现场指挥处理不恰当:在进行浇注时,曾经有很多次的钢筋和模板翘起等事故隐患的迹象产生,大桥发生坍塌的不安全先兆已经非常显著,施工单位的负责人却仍然漠不关心,非但不进行仔细合理的分析,从中发现原因、拟定有效的观察、控制及撤离计划,而且还不分是非地决断、坚决不正确的指挥,冒险施工,野蛮作业,连续有人为决策和指挥管理的极大失误产生(例如采取用人踩、用预制板压等错误的策略),使事故危险因素的累积、演变更加严重,同时导致支架的不稳定性加剧。

·大桥监理未达到标准。在未获得施工支架图纸、计算书与施工组织设计,完全不可能保证施工质量与安全的状况下,未下达命令终止施工。然而对拱圈模板与钢筋混凝土的施工进行了签认。在 19 日晚上至 20 日 7 点 30 分拱底板浇灌的重要时间,但是没有人在施工现场监理,导致在进行施工时没有对违章冒险作业的行为进行阻止,不安全先兆产生时没有立即督促施工实施有效的策略。

(2)四川省自贡市某大桥

①事故概况

2002 年 2 月 8 日,四川省自贡市某大桥在进行施工时,一件脚手架坍塌的意外事故发生了。当加载试验到设计荷载的 90% 时,脚手架失去平衡、稳定导致整体发生坍塌,20 多名施工人员均掉入河中,导致 3 人丧失生命,7 人受伤的重大意外事故。

②原因分析

·搭设支架时未经过具体的设计计算与施工方案,单单借助经验进行搭设。

·对支架实施荷载试验没有试验方案,没有严格规范操作流程,也未进行检查与验收。

·在进行加荷时非但无专人引导,严格根据从大桥两端往中间对称加载的方法也不存在,漫无目的实施单侧加载,导致桥身负荷发生偏载,重心发生偏离,脚手架立杆弯曲变形,造成整体坍塌。

·脚手架的立杆底部处于水中,其支撑强度怎样未进行详细的勘察,仅采取了往水中扔沙袋的措施,该方法也未通过试验印证资料展现其效果的可靠水平。

·钢管材料未达到合格标准。通过检测钢管壁厚小于 3.5mm 的有 47%,最薄的只有 2mm。

4.悬臂灌注事故案例

(1)宁波招宝山大桥

①事故概况

宁波招宝山大桥在甬江入海口,投资费用为 4.23 亿元,全程距离为 2483m,主桥是单塔双索面不对称预应力混凝土斜拉桥,通航孔跨径为 258m,净空高为 32m,

5000t 级的客、货轮船能够每天 24 小时通过甬江。从 1995 年 6 月开始施工,1998 年 9 月 24 日,也就是即将合陇的时候,16 号块的梁体猛然出现严重的断裂事故,虽然没有引起人员受伤或死亡,然而该事故导致该工程的工期拖延了大约 2 年的时间,遭到特别大的经济损失,同时,在社会上也产生了非常大的反面影响。

②主要原因

导致该桥出现质量事故的根本原因是由于在设计上有漏洞。缺乏主梁结构设计承载力。

(2)意大利坎纳维诺桥

①事故概况

意大利坎纳维诺桥,在对合龙段实施浇筑时,刚刚浇筑的混凝土发生猛然坍塌,导致 2 人丧失生命。

②主要原因

由于梁体温度对应力的束缚,吊架的 1 根吊杆超载发生折断,造成两悬臂梁体在其根部产生折断,仅通过钢筋拉结,导致梁体悬挂于墩身内侧。

(3)其他

①襄樊汉江大桥在对挂篮进行移动时,通过 4 套倒链悬吊挂篮底板,向下方的船台下放,其中一个倒链因超载而发生折断,导致其他倒链也发生折断,挂篮底板砸向船台,引起 1 人丧失生命。

②株洲湘江桥轻型挂篮在进行空载前移时,由于吊杆钢丝绳断裂,挂篮底板落入河中,导致挂篮失去稳定,引致 3 人死亡。

③南昆铁路喜旧溪大桥在进行零号块接灌 1 号块的过程中,由于挂篮掉落地面,导致 4 人死亡。

5.起重机事故案例

(1)沪东"7·17"特大事故

①事故概况

2001 年 7 月 17 日,上海沪东某造船有限公司船坞工地,使用 600t、170m 龙门起重机对主梁进行吊装时发生一起倒塌事故,导致死亡 36 人,受伤 3 人,直接损失达 8000 多万元。

②原因分析

· 在对缆风绳进行调整时,刚性腿受力失去平衡是导致事故的直接原因。

· 施工时违反规定指挥是产生事故的根本原因。

· 吊装工程计划不完备、审查批准把控不严格是导致事故的重大原因。

· 未尽力去协调施工现场组织,缺少统一严格的管理,安全策略不详细、不执行是促使事故伤亡变大的缘故。

(2)其他

①2003 年 2 月 9 日,狂风将处于施工状态的郑州黄河二桥龙门吊刮倒(阵风大于 12 级),导致 1 人死亡,5 人受伤。

②2006 年 10 月 21 日,广水市京广线信阳到陈家河段一铁路桥梁,当施工人员在进行铁路桥梁的铺架过程中,架桥机吊梁扁担体焊缝连接的地方发生猛然开开裂并折断,连带架桥机发生倾翻,引起 4 人死亡,1 人去向不明,15 人受伤。

③2007 年 10 月 12 日,在东莞市石碣镇的东江大桥工地上,一座长为 50 多米,重为 60t 的龙门吊忽然发生倾翻,导致 2 人死亡,3 人受伤。

5.4.2　隧道施工安全事故实践分析

1.隧道塌方事故案例

案例一:

(1)隧道塌方事故概况

新旗下营隧道全长 2000m 左右,是双线 I 级电气化铁路,靠近内蒙古卓资县旗下营镇,是组成京(北京)包(包头)铁路集宁到包头段第二双线建设工程的一部分。2010 年 3 月 19 日下午 2 时 30 分,在施工时出现了塌方。隧道发生塌方的地方与洞口的距离大致有 260m,与掘进作业面之间的距离大致有 35m,塌方段的距离大约为 20m,事故导致 10 人丧失生命。

(2)塌方原因分析

①地质条件。导致该事故发生的根本原因是因为新旗下营隧道经过的山体岩

性繁杂、岩体破碎、节理裂隙发育,通常用泥质软弱夹层来填充节理裂隙,而且还有较少的水存在,围岩的自稳性能与整体性非常差,在水的影响下,会继续减小块碎石层之间的摩擦力与黏结力,极大地降低岩体的强度与承载能力,最后造成由于开挖隧道构成的山体变形荷载将隧道 DK587+926.5m~DK587+962m 的初期支护压垮,导致产生该事故。

②设计及施工因素。在设计时,缺乏进一步勘察新旗下营隧道的深度,未立刻主动对开挖隧道后的围岩变化情况实施跟踪监视,没有验收地质勘查资料就马上进行工程设计,未根据规定对新旗下营隧道施工的超前地质预报方案进行编制。施工组织过程没有秩序,实施爆破作业不符合规定,不关注开挖隧道中产生的强度不够、裂缝等事故的先兆,还有不同程度的偷工减料的现象发生,施工质量未能符合技术规范的要求。劳务分包管理比较松散,缺乏充分的安全教育培训。

③管理因素。建设单位工程招标没有根据规定的时间由专家验收勘查成果,没有通过审批就预先开工,开工之前没有根据规定对质量安全监督手续进行办理。未严格根据铁路工程有关标准、规定对勘查单位编制的施工方案和组织设计进行审查,未察觉勘查单位对旗下营隧道地质勘查的勘探点数量、勘探深度无法满足设计规范的要求,勘探结果无法达到安全施工的要求。监理公司工作粗心、缺乏责任心。监督站监管不力,没有在规定的时间里对监督会议进行组织召开是导致事故发生的间接缘由。

案例二:

(1)工程概况

侯家四号隧道在内昆线昭通彝良县境内三层展线段的中间一层,全长为2228m,里程是 DK346+187~DK348+425,隧道纵坡 19.5‰。进口端在 $R=$500m 的曲线上,隧道线路上部建筑根据重型轨道进行设计;后期铺设 60kg/m 钢轨,隧道建筑界限按隧限-2A(单线电化铁路)设双侧高式水沟和双侧电缆槽,为Ⅰ级电气化铁路。

(2)塌方情况

在对隧道进行施工时,由于围岩非常破碎,开挖时要分上、下两层台阶进行,根据设计施作初期支护的状况,DK346+282~299 段 17m 拱部初期支护在事情发生之前无任何征兆的状况下,忽然响声大作,刹那间出现坍塌,压垮了初期所有支护,堵住了洞里的全断面,地表构成一个深为 4m、直径为 8m 的口小肚大的塌穴,塌方数量为 3630m³。

(3)原因分析

①降雪和地下水的激发。在塌方出现的大约前 10 天,昭通地区接连下大雪,侯家湾四号隧道所在区域存有厚度为 50cm 的积雪,因为隧道跨越的山体自然坡度大约为 45°,穿山背进入低凹地形,积水区域非常广。施工进洞以前没有采用有效的防、排水疏导策略,所以,冰雪融化以后进入土体里,使土体重量得以增加,导致土体胶结性、土体自稳能力降低。

②地质因素。隧道拱顶上方埋深是 21m,埋深上面是松散的砂黏土,下面是由于风化破碎的玄武岩,经过雪水渗透浸泡以后,塌方发生时已呈现一种饱和状态,不具备自稳的能力。

③人为因素。对施工工序的安排不合理、不科学,开挖上半断面拉得非常长,比下半断面超前85m,漫无目的争夺上半断面的进度仅对前期实施支护,但没有立刻进行拱部衬砌,导致松动应力过大,对台阶后部已经开挖、仅实施初期支护段构成较大的松散压力,这是非常危险的。设计的施工方案有很多的错误,对于 V 级软弱围岩采取先拱后墙比较科学、合理。在施工时间没有充分地认识地质状况的复杂性,未全面的预估外部自然环境改变以后、雪水渗透至土体后所引起的危害,使用的策略有一定的差距。

(4)处理与防治措施

①地面塌陷的处理方法。采用挂网、锚喷方式对坍塌凹部壁实施支护,对坍塌漏斗地表实施截水,有必要的时候要建立遮雨棚,避免地表水进入塌体内。等落实洞内处理后,通过土石夯填至高于原地面,待填土下沉安稳以后,使用 50 号浆砌片石进行铺砌。

②塌体洞内的处理方法。对塌体开挖面轮廓边缘外添加大管棚和小导管注浆实施预加固,等固结以后就开挖塌体段。

• 在塌体段拱部进行注浆要使用大管棚和小导管,挂钢筋网、格栅钢架并实施混凝土的前期支护,对边墙实施则通过锚喷加固和侧壁小导管注浆。

·将钢架(1 榀/0.7m)添加于墙体段拱部、边墙初次衬砌,然后进行混凝土的灌注。

·对塌体段进行施工时要采用先拱后墙法,在拱脚里添加钢轨托梁,同时向塌体内端延长 10m 左右,避免拱部发生下沉。

·已经开挖上半断面并且已经做好初期的支护段,等处理好塌方以后马上进行拱部衬砌,然后开挖下半断面,以保证该段没有危险。

2. 隧道洞口段施工事故案例

案例:

(1)工程概况

宜万铁路高阳寨隧道在马东县野三关镇,是两条单线隧道,两条隧道之间的距离是 30m。Ⅱ线隧道进口里程为 DKⅡ109+245,隧道的全部长度为 4404.76m。隧道入口边坡是高 120m 的陡坡,在大约高 40m 处有一个缓坡,该缓坡宽大约为 7m,坡度大约为 28°。318 国道位于陡坡的底部,国道外面是木龙河。隧道入口洞口的地貌特征是高边坡陡崖,很容易出现岩体崩塌灾难。隧道入口洞门在 318 国道上方 18.8m 的悬崖上,是南北向的态势,垂直于下方东西向的 318 国道,采取横洞进入正洞进行施工,反打到洞口。

2007 年 11 月 20 日 8 点 44 分,高阳寨隧道洞口地方的岩石发生坍塌,大约有 3000m³ 的滑坡体总方量,导致 3 名围岩加固的施工人员失去生命,1 人受伤。路过此的一辆客车被坍塌的众多石块掩盖,并使 318 国道发生堵塞。经过抢险,该事故共死亡 35 人,受伤 1 人。

(2)事故原因

按照对设计地质的勘察以及对现场事故进行调查,隧道洞口地形、地质条件特别差,对设计采取的支护策略安全系数没有进行充分的考虑,支护参数、形式没有达到安全要求的标准,施工时对边坡有极其多的干扰。通过现场情况可断定塌方的原因如下:

①隧道入口地层是二叠系上统含燧石结核灰岩,灰色—灰黑色,厚层—巨厚层状,弱风化,理裂隙较发育,多张开,用黄泥进行充填,岩体的自稳能力非常差。地

形状况是陡坡地貌,岩溶现象发育,都是充填性溶洞。地形地质状况是促使岩崩产生的根本原因。

②在进行洞口边坡防护工程施工时,没有对现实的地质状况进行查明,施工时由于遭到施工爆破动力作用的影响,导致边坡岩石沿着原生节理面与母岩分离,在其自身重力影响下失去稳定朝坡外滑出,岩体立即朝下崩塌解体,导致出现事故。

③勘察设计单位的勘察设计工作没有到达预期的目的,设计防护措施与估计岩体危险性没有考虑全面,支护参数比较弱,设计时间未仔细地对隧道口复杂的地质进行勘察,没有给予足够的重视。

④施工单位在施工过程中进行爆破作业,没有全面考虑震动及其造成的后果,未实施有效减震策略,施工管理人员未关注现场出现的岩体裂缝,监理单位对施工现场缺少监管。

⑤对于洞口边坡特别是地质状况不一般、风险较大的工程,第一步一定要按照洞口周围的地形、水文地质、工程地质,以及施工条件等,提前估计大概要产生的种种不安全的因素、隐患,要依次核实勘察、设计、施工条件;设计单位应仔细地审查洞口边坡的安全设计,未对洞口上方或许滑塌的灌木、表土和山坡危石等进行全面的调查;施工企业现场的主要负责人对施工方案未进行有关的安全评估论证,没有立刻观察现场产生的滑动开裂并马上实施有效策略,不符合洞口工程施工安全技术条件。

(3)崩塌边坡处理

通过加强对崩塌后的岩面及地形、地质、地貌的支护设计,通过对危石进行清除、喷混凝土、混凝土支顶及锚杆等各种措施构成的支护体系,在基于高边坡高难度的情况下,预应力锚索对边坡有着很重要的强化支护功能。

为了将对未来的铁路运营和洞口下方的318国道的威胁清除掉,使用锚索对拉力827kN进行设计。锚索的垂直间距是4m,水平间距是4m,总共要对189个孔进设计,锚索钻孔孔径是150mm,锚索轴线与水平面下倾角洞顶23号、24号锚索为10°外,剩下的都是20°。

3. 隧道爆破事故案例

案例一：

(1)事故简况

2009 年 10 月 26 日，深圳地铁 5 号线 5305 标段第四工区隧道实施爆破时，一位爆破工点燃引线，剩下的人员撤离至安全区域，经过长时间的等待，炮未响。原因是在预定的时间里，放置的炸药未炸响，施工人员推测在爆破时碰到了盲炮。起爆一会儿后，工长派遣一位工人去安置炸药的地方检查究竟是何情况，待工人离炸药安置点很近时，炸药瞬时出现爆炸，当场失去生命。

(2)原因分析

①利用导火索起爆，可靠性与导火索的质量非常差(现已不使用导火索起爆)，同时燃烧的速度也不稳定。

②当察觉到盲炮时，一定要根据规定让原爆破人员进行处理，在爆破领导人指引的基础上，查清楚原因。这个案例将盲炮时违反爆破安全规程排除在外，错误地以为是由于盲炮出现而造成的事故。

案例二：

(1)事故简况

2011 年 6 月 2 日，惠(水)兴(仁)高速公路惠水至镇宁段第二标段小冲隧道，在右洞出口实施爆破操作时，施工人员从右洞移动到时左洞避开爆破，炮响以后牵连到时左洞出口，并导致局部发生坍塌。在该事故中有 6 名工作人员当场死亡，另外 6 名工作人员受到不同程度的受伤。

(2)原因分析

①没有遵守隧道爆破作业的规定，在事情发生的同一天上午曾经将炸药埋设于左洞口，然而由于意外没有继续爆破，而且也没有采取措施，装药以后没有根据规定按时引爆。

②在将炸药埋设在左洞的状况下对右洞进行爆破，由于左右洞之间距离非常近，由此使右洞隧道爆破冲击波将左洞已埋设的炸药引爆。

③在实施爆破时，施工人员一定要撤退离开到安全的地方，左右洞之间的距离

非常近,因此躲藏至左洞是一种违章行为。爆破施工现场没有统一指挥,不存在联系与警戒。

案例三:

(1)事故简况

衡广复线大瑶山隧道上崩塘斜井 668m 处掌子面施工时,夜班爆破以后,开挖面大体上整齐,在左上角只有一个残孔,深为 1.8m,孔里有基本药卷、超爆药包,上早班的 3 个工人,在离残孔 0.15m 的距离将钻头进行固定时,钻入滑进残孔,错误地认为钻头已经固定住,于是就开始风钻,当察觉风钻出现异常时,钻头已经触碰到起爆药包,产生爆炸,导致有 1 人遭受重伤,7 人遭受轻伤。

(2)原因分析

①没有根据《铁路隧道施工技术安全规则》规定让原爆破人员根据规定解决完瞎炮就下班,又没有实施交接班制度,接班人不清楚存在瞎炮,属于违章作业。

②开钻之前没有根据规定对是否存在瞎炮、工作面是不是处在安全状态进行检查,接班者也归于违章作业。

③在操作的过程中不集中注意力,导致钻杆滑入残孔,使钻头碰到起爆药包,产生爆炸。

4.瓦斯隧道施工事故案例

(1)事故概况

董家山隧道都汶公路都江堰至映秀段主要工程,右洞长度为 4081m,左洞长度为 4111m,左右线隧道中心之间的距离为 39m。在地质勘查报告、设计文件以及施工中呈现的地质描述中都有对这个地段的地质情况的具体说明:岩性主要以软质岩(灰色、深灰色泥岩夹炭质页岩等)为主,与粉砂岩、细砂岩等硬质岩呈不等厚互层,2/3 由软质岩占据,剩下的由硬质岩占据。

这个地段因构造影响极其严重,位于一组背斜、向斜强烈褶皱区域,同时存在 3 条走向逆冲断层大角度跨越隧道。断层地区与褶曲轴部地区,岩层受到极强的挤压,节理裂隙发育,岩体发生破碎,呈现为块碎状镶嵌结构或角碎状松散结构。围岩的稳定性特别差,实施开挖以后拱部没有支护时会出现非常大的坍塌,破碎带非常容易发生坍塌,而且容易产生淋水段。该段隧道跨越一组背斜,在其褶曲轴部区域中的炭质泥岩及薄煤层中储存有有害气体,例如瓦斯,可能会有瓦斯聚集涌出,施工时要根据防护瓦斯安全规程实施主要设防,强化通风和对瓦斯进行监测的工作。

2005 年 12 月 22 日下午 2 时 40 分,在施工时因防范瓦斯的策略不合理,导致右线隧道发生了极其重大的瓦斯爆炸事故,该事故引起 44 人死亡,11 人受伤,事件发生的地址靠近右线 K14＋870 里程。事件出现时右线隧道实现开挖 1487m、衬砌 1419m。

(2)事故原因

①因为塌方出现在掌子面,瓦斯涌出不正常,导致模板台车周围的瓦斯浓度能够到达爆炸范围,在模板台车配电箱的周围吊挂的三芯插头由于短路出现火花而导致瓦斯发生爆炸。

②产生爆炸事故的右线隧道通风机、风筒出风口与掌子面之间的距离大约有30m,与《公路隧道施工技术规范》规定的小于等于 15m 的规定不相符,而且风机的 2 台电机事故前一班仅有 1 台风机以中档的速度运行,在对混凝土进空行喷射过程中,还有一台电机以低档的速度运行,没有办法对掌子面的有害气体进行全面稀释,容易使瓦斯发生聚集。

③右线隧道在打右矮边墙时有必要将模板台车进行移动,对风筒进行延长、修补,都得停风,为了节省电费,施工人员还自作主张停过 3 次风。

④这个工程的检测瓦斯的人员使用的是便携式瓦斯报警仪,在对高处的瓦斯实施检测时,要把仪器系在 1 根 2～3m 的竹竿上并举起来,没有达到规定的检测高度,同时还有缩减检测次数等违反规定的现象发生。

⑤右线隧道唯一的 1 台瓦斯传感器,安装高度未达到规定的要求,2005 年 10 月 19 日至 12 月 5 日,右洞隧道掌子面拱顶瓦斯浓度频繁大于 0.5%,最大值有时候达到 4.12%,然而自该瓦斯传感器安装好以后却从没有报过警,设备没有处在正常的态势,以及瓦斯超标没有人关心。

⑥在施工时安全管理非常没有秩序,对通风的管理也还有需要改善的地方,有些瓦检员无证上岗,对质量、次数的检查不满足规定等。

⑦企业管理人员的安全观念薄弱，没有实行安全管理职责，在施工时，作业人员报告瓦斯浓度高要求暂停作业状况下违反规章制度安排，强制工人不顾危险地进行作业，对于瓦斯超限的情况完全不理会，盲目赶工期的进度。

⑧瓦斯监控小组副组长未监督瓦斯的检查工作，对存在的诸多问题没有立即实施整改，应承担事故发生的主要责任，这些问题有：右线隧道施工中有部分检查瓦斯的人员无证上岗、无视规定使用非防爆电器设备、通风的管理不全面等问题。

（3）事故教训与处理

①瓦斯隧道一定要根据设计文件、施工合同所规定的技术规范和相关安全规定，计划出施工组织安排，对每项安全规章制度进行制定，要详细具体化瓦检、通风、防爆、防燃的策略、按规定进行施工，使作业可以更加标准、规范。

②对瓦斯隧道进行施工，喷锚务必要迅速，提升初期支护，衬砌紧跟，要迅速对围岩进行封闭，尽量使瓦斯的逸出变得更低，超前加固策略到位，防止出现塌方。

③在对斯隧道进行施工的过程中，必须要当心或许有高瓦斯段出现在低瓦斯隧道施工中，要对观测与检测进行强化，避免由于瓦斯不正常地突出与涌出而可能导致灾害事故的发生。在施工的过程中，如果察觉瓦斯逸出、有不正常的现象发生，或者设计不行，要马上使用必要的策略以确保安全，同时要报告给监理、设计、业主，对修正设计提出建议与意见，从头制定施组，经过业主同意后才可以进行实施。

④一定要对瓦斯隧道的管理进行增强，要严格地遵守煤矿瓦斯防爆的规定，在非衬砌区域，一定要使用防爆、大功率通风、自动检测报警等手段。

⑤对瓦斯隧道进行施工时，一定要对防爆的策略计划进行拟定，不但要经过建设、设计、监理三方签字确认，还要由相关专家进行论证，以保证不会出现任何差错。

⑥对隧道进行施工，一定要对瓦斯突发抢险救援应急预案进行制定，如果出现突发事件导致人员受到伤害时，一定要从容面对，做好所承担的工作，全面地落实现场施救工作，尽量使损失与影响达到最低。

参考文献

[1]白利伟.施工项目安全管理常见问题及应对策略[J].建筑安全,2014(01).

[2]陈红领.建筑工程事故分析与处理[M].郑州:郑州大学出版社,2007.

[3]陈顺强.浅谈建筑地基基础工程施工技术[J].建材与装饰,2016(20).

[4]陈银根,罗振威.土木工程施工安全及管理措施[J].中华建设,2012(12).

[5]陈远吉,王霞兵.建筑工程施工安全实例教程[M].北京:机械工业出版社,2009.

[6]陈正.浅析我国土木工程安全文化现状[J].科技风,2014(14).

[7]单海波.浅析建筑施工安全事故主要因素[J].职业技术,2012(11).

[8]邓锦波.浅谈土木工程施工安全管理[J].中华民居(下旬刊),2014(06).

[9]冯永彦.建筑工程施工机械安全管理浅析[J].黑龙江科技信息,2016(34).

[10]高兵,钟春玲,张冰.土木工程施工技术[M].武汉:武汉大学出版社,2015.

[11]戈剑锋.浅谈桥梁工程施工的安全管理[J].科技创新与应用,2012(31).

[12]顾谦.解析现代建筑地基基础工程施工技术[J].门窗,2014(02).

[13]郭建营,宗翔.土木工程施工技术[M].武汉:武汉大学出版社,2015.

[14]胡戈,王贵宝,杨晶.建筑工程安全管理[M].北京:北京理工大学出版社,2017.

[15]惠建忠.房屋建筑施工中安全技术管理的重要性[J].中外企业家,2014(11).

[16]江见鲸等.建筑工程事故分析与处理[M].北京:中国建筑工业出版社,

2006.

[17]姜慧.殷惠光.梁化强等.建筑工程安全事故致因分析及防控体系研究[J].建筑经济,2013(12).

[18]蒋贺拥.建筑施工项目安全管理浅析[J].科技创业家,2013(24).

[19]蒋臻蔚,李寻昌.建筑工程安全管理[M].北京:冶金工业出版社,2015.

[20]李春荣.高速公路路面施工安全管理的研究[J].黑龙江交通科技,2013(05).

[21]李栋,李伙穆.建筑工程质量事故分析与处理[M].厦门:厦门大学出版社,2015.

[22]李慧民.土木工程安全生产与事故案例分析[M].北京:冶金工业出版社,2015.

[23]李建斌.建筑地基基础工程施工技术浅析[J].建设科技,2015(19).

[24]李林.建筑工程安全技术与管理[M].北京:机械工业出版社,2010.

[25]李润山,米泽龙.浅谈公路施工中混凝土路面施工技术[J].建材与装饰,2015(47).

[26]李祥仕.地基与基础工程施工质量与安全管理[J].经营管理者,2012(09).

[27]李赟冲.隧道工程施工安全管理问题探析[J].江西建材,2017(11).

[28]梁贺.建筑工程施工安全手册[M].北京:中国电力出版社,2008.

[29]刘国.桥梁工程施工技术的研究[J].科技创新与应用,2012(21).

[30]刘建雄.工程施工事故分析与预防[M].北京:中国石化出版社,2007.

[31]刘涛.浅谈土木工程施工安全管理[J].门窗,2015(07).

[32]刘尊明.建筑工程概论[M].北京:中国电力出版社,2014.

[33]陆小华.土木工程事故案例[M].武汉:武汉大学出版社,2009.

[34]栾启亭,王东升.建筑工程安全生产技术[M].青岛:中国海洋大学出版社,2012.

[35]罗福午,王毅红.土木工程质量缺陷事故分析及处理[M].武汉:武汉理工大学出版社,2009.

[36]罗章.土木工程事故分析与安全技术[M].武汉:武汉理工大学出版社，2016.

[37]蒙绍国,孙军强,于立宝.建筑工程事故分析与处理[M].武汉:中国地质大学出版社,2013.

[38]孟锐.浅谈土木工程施工安全管理的措施分析[J].河南科技,2013(23).

[39]钱胜.建筑工程质量及事故[M].北京:化学工业出版社,2007.

[40]曲燕.论土木工程的安全施工管理研究[J].现代装饰(理论),2011(10).

[41]邵英秀.建筑工程质量事故分析[M].北京:机械工业出版社,2011.

[42]宋功业,于殿宝,夏云泽.建筑工程安全技术与管理[M].北京:化学工业出版社,2011.

[43]唐永杰.浅谈施工机械安全管理[J].门窗,2012(08).

[44]王东升.建筑工程安全生产技术与管理[M].徐州:中国矿业大学出版社,2014.

[45]王国诚.建筑工程现场安全管理入门[M].北京:中国电力出版社,2006.

[46]王海军,刘勇等.土木工程事故分析与处理[M].北京:机械工业出版社,2015.

[47]王海平,熊燕.建筑工程安全管理[M].武汉:武汉理工大学出版社,2016.

[48]王宏.桥梁工程施工技术[J].劳动保障世界(理论版),2013(12).

[49]王景春.土木工程施工安全技术[M].北京:中国建筑工业出版社,2012.

[50]王丽.建筑工程施工机械安全管理研究[J].工程建设与设计,2015(01).

[51]王清标,张聪,王天天等.土木工程质量事故分析与处理[M].西安:西北工业大学出版社,2015.

[52]王绥之,李雯献.隧道工程施工安全技术管理[J].通世界(运输.车辆),2013(11).

[53]王薇.土木安全工程概论[M].长沙:中南大学出版社,2015.

[54]王玉强.建筑地基基础工程施工技术[J].中华民居(下旬刊),2013(06).

[55]王枝胜,卢滔.建筑工程事故分析与处理[M].北京:北京理工大学出版社,2009.

[56]文志祥.简论建筑施工机械的安全管理[J].科技视界,2015(26).

[57]武明霞,石建军.建筑安全技术与管理[M].北京:机械工业出版社,2007.

[58]谢征勋.工程事故与安全·典型事故实例[M].北京:中国水利水电出版社;知识产权出版社,2007.

[59]徐晓,王文静.道路沥青路面施工技术探究[J].科技风,2012(03).

[60]许志中.建筑工程安全技术与管理[M].武汉:武汉理工大学出版社,2011.

[61]阳建业.房屋建筑工程施工技术探析[J].东方企业文化,2014(06).

[62]杨宝红,周炜.地基基础施工技术与加固技术探讨[J].中国建材科技,2016(02).

[63]杨新君.浅析公路路面施工安全管理[J].民营科技,2013(02).

[64]姚敏,杨昌.地基基础施工技术与加固技术[J].江西建材,2014(15).

[65]叶周武.房屋建筑工程的安全管理[J].建材与装饰,2017(25).

[66]于丽娜.高速公路路面施工安全管理[J].交通世界(建养.机械),2011(01).

[67]于伟.房屋建筑工程施工技术和现场施工管理剖析[J].江西建材,2016(07).

[68]于晓庆.市政工程中沥青路面施工技术[J].科技经济导刊,2016(33).

[69]俞国凤.建设工程质量分析与安全管理[M].上海:同济大学出版社,2005.

[70]袁翱.土木工程施工技术[M].西安:西安交通大学出版社,2014.

[71]袁伟明.土木工程施工安全管理研究[J].技术与市场,2014(01).

[72]岳建伟.土木工程事故分析与处理[M].北京:中国建筑工业出版社,2016.

[73]翟大明.浅谈隧道工程施工技术要点研究[J].工业设计,2017(07).

[74]张海军.土木工程施工中的安全管理研究[J].门窗,2012(08).

[75]张瑞生.建筑工程安全管理[M].武汉:武汉理工大学出版社,2009.

[76]张旭.土木工程施工安全管理分析[J].门窗,2016(11).

[77]赵东红.建筑工程施工安全[M].北京:中国铁道出版社,2008.

[78]赵景新.施工项目安全管理方法与体系研究[J].中国高新技术企业,2014
(10).

[79]赵西久,宋月兰,柳小霞.浅谈建筑施工机械安全管理[J].建筑,2014
(14).

[80]赵智鸿.房屋建筑工程施工技术之我见[J].门窗,2015(03).

[81]郑少瑛.土木工程施工技术[M].北京:中国电力出版社,2013.

[82]钟汉华.建筑工程质量与安全管理[M].北京:中国水利水电出版社,
2014.

[83]朱宝权.隧道工程施工技术管理要点[J].门窗,2015(10).